《图说新科技》系列丛书

图说可再生能源

吴戈军　王宏伟　李　雪　主编

中国农业科学技术出版社

图书在版编目（CIP）数据

图说可再生能源 / 吴戈军，王宏伟，李雪主编 . — 北京：中国农业科学技术出版社，2015.2

ISBN 978-7-5116-0833-8

Ⅰ . ①图… Ⅱ . ①吴… ②王… ②李… Ⅲ . ①再生能源—图解 Ⅳ . ① TK01-64

中国版本图书馆 CIP 数据核字（2013）第 027954 号

责任编辑 穆玉红
责任校对 贾晓红

出　　版 中国农业科学技术出版社
北京市中关村南大街 12 号　　邮编：100081
电　　话（010）82109707　82106626（编辑室）
（010）82109702（发行部）（010）82109709（读者服务部）
传　　真（010）82109707
网　　址 http://www.castp.cn
经　　销 全国各地新华书店
印　　刷 北京富泰印刷有限责任公司
开　　本 710 mm × 1 000 mm　1/16
印　　张 9.75
字　　数 175 千字
版　　次 2015 年 2 月第 1 版　2015 年 2 月第 1 次印刷
定　　价 29.00 元

内容提要

本书内容共有五章，第一章介绍了能源的概念及人类对能源利用的发展进程；第二章介绍了“内涵”丰富的太阳能；第三章为地球内部的热能，即地热能；第四章介绍了生物质内部的能量，即生物质能；第五章则是风能及海洋能。

本书图文并茂，兼具知识性与趣味性于一体，适合所有对可再生能源感兴趣的读者阅读。

前 言

人类历史的每一次重大进步都与科学技术的发展密切相关，生活在21世纪的我们，亲眼目睹科学技术的突飞猛进，而这种状况引起的后果之一就是科学技术前沿离公众能理解和接受的平台愈来愈远；与此同时，科学技术也正在以空前的深度和广度影响着社会经济发展以及人类生活，这种状况又激发了公众对科学技术前沿的关注和了解的热情。

可再生能源是指在自然界中可以不断再生、永续利用的能源，具有取之不尽，用之不竭的特点，主要包括太阳能、地热能、生物质能、风能和海洋能等。可再生能源对环境无害或危害极小，而且资源分布广泛，适宜就地开发利用。相对于可能穷尽的化石能源来说，可再生能源在自然界中可以循环再生。随着世界石油能源危机的出现，人们开始认识到可再生能源的重要性。

开发利用可再生能源是保护环境、应对气候变化的重要措施。目前，我国环境污染问题突出，生态系统脆弱，大量开采和使用石化能源对环境的影响很大，特别是我国能源消费结构中煤炭比例偏高，二氧化碳排放量增长较快，对气候变化影响较大。可再生能源清洁环保，开发利用过程不增加温室气体排放。开发利用可再生能源，对优化能源结构、保护环境、减排温室气体、应对气候变化具有十分重要的作用。

经济的飞速发展一方面加大了能源供需之间的矛盾，为可再生能源的利用提供了更加广阔的发展空间，另一方面也促进了人们对可再生能源的了解与认识。为了满足普通读者对可再生能源技术的求知愿望与认知兴趣，特编写了这本趣味十足的《图说可再生能源》。本书通俗有趣，将一些看似艰深的新名词融入有趣的漫画中，通过容易理解的趣味漫画，轻松地勾勒原本令人畏之如虎的新概念，使读者在充满乐趣的情境中轻松地学会晦涩难懂的新概念、新知识。在本书的编写绘制过程中，编者本着严谨负责的态度，力主做到内容生动与全面。

新能源技术的发展日新月异，科技成果不断涌现，限于编者水平和学识有限，尽管编者尽心尽力，反复推敲核实，但书中仍不免有疏漏或未尽之处，恳请有关专家和读者提出宝贵意见予以批评指正，以便作进一步修改和完善。

目　录

第一章　形式多样的能源 /3

第二章　魅力四射的太阳能 /31

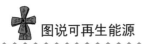

or

老兄，知道能源吧？
当然，当然，不就是煤啊，石油之类的。

那这么说来，你一定也知道什么是可再生能源吧！
可再生？？？难道能源有生命吗？

快说嘛，可再生能源怎么了？
当然了，有的能源可是能“长命百岁”的，可再生能源……

别担心，到底什么是可再生能源，还是听我从人类对能源利用的发展进程娓娓道来吧。

第一章 形式多样的能源

1. 人类对能源利用的漫漫长路

100多万年以前，原始人类出现时，仅是靠收集植物与捕捉小动物充饥，把储存在动、植物中的“生物能”转换为人体活动所需要的“机械能”。

距今50万～60万年前，人类结束了“茹毛饮血”的时代，开始钻木取火。钻木取火是人类在劳动过程中，把肌肉的机械能转换为热能，又用火将柴草点燃，把生物能通过化学过程（燃烧）转换为热能。

18世纪后半叶，蒸汽机的发明，使手工业生产发展成机器大生产，煤、石油等化石能源转化为机械能，这是人类利用能源的又一次伟大改革。

蒸汽机
热能
机械能

蒸汽机，我知道，不就是英国工业革命期间瓦特发明的嘛！

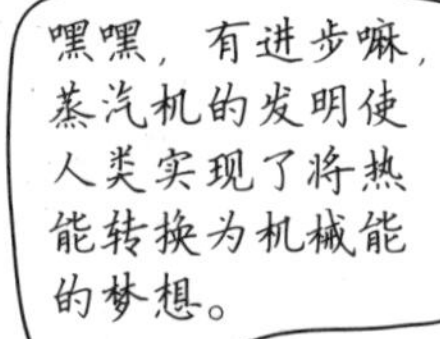
嘿嘿，有进步嘛，蒸汽机的发明使人类实现了将热能转换为机械能的梦想。

19 世纪 70 年代，人类发明了内燃机。至此，蒸汽机、内燃机等机械相继制成。1866 年，第一台发电机在工业上应用，实现了机械能向电能的转换。

今天，原子核能的利用，标志着人类在能源利用方面获得了新的突破。

"原子核能属于新的能源利用领域，现在可是各国能源研究利用的新宠哦。"

喂，你不至于这么胆小吧，只要我们合理利用原子核能，这可是造福人类的大事啊！
不过老兄，说到原子核能，我的脑袋里就全是原子弹之类的，很恐怖的！

2. 刨一刨，能源究竟是什么

能源
热
电
光
机械

能源也称能量资源或能源资源，是指可产生各种能量（如热量、电能、光能和机械能等）或可作功的物质的统称。

不过，这只是《中国大百科全书》中的说法，其他文献对于能源也有不同的定义，但内涵还是相同的。
这就是异曲同工嘛！
中国大百科全书

能源是一种呈多种形式的，并且可以相互转换的能量的源泉，确切而简单地说，能源是自然界中能为人类提供某种形式能量的物质资源。

能源
能量
能量
能量
能量
能量
能量
能量
能量

光
热
动力
变
变
变

能源是可以直接或经转换提供人类所需的光、热、动力等任一形式能量的载能体资源。

能源开发与利用
能源

能源为人类的生产与生活提供各种能力和动力的物质资源，是国民经济重要的物质基础。能源的开发与有效利用程度以及人均消费量是生产技术和生活水平的重要标志。

爱情
老兄，注意了，是物质基础哦，就是爱情和面包中的面包。
面包？就是“吃”嘛，嘿嘿，当然物质基础包括衣食住行等多方面。

3. 扒一扒，能源的种类

能源有不同的分类标准。主要包括：按来源分；按开发步骤分；按使用程度及技术分；按开发过程中对环境的污染程度分；按性质分。下面我具体给大家讲一讲。
嘿嘿，这我可得仔细听着。
程度及
技术污染程度
性质
开发
步骤
来源

按来源分包括三类：一类是地球本身蕴藏的能源；二类是来自地球以外天体的能源；三类是来自月球与太阳等天体对地球的引力，以月球引力为主。

汽油
煤

按开发步骤分包括两类：一类为一次能源，即在自然界以自然形态存在可直接开发利用的能源；另一类为二次能源，即由一次能源直接或者间接转化来的能源。

按使用程度及技术分包括两类：一类为常规能源，即开发时间较长、技术较成熟、人们已大规模生产与使用的能源。另一类为新能源，即开发时间较短、技术尚不成熟、尚未被大规模开发利用的能源。

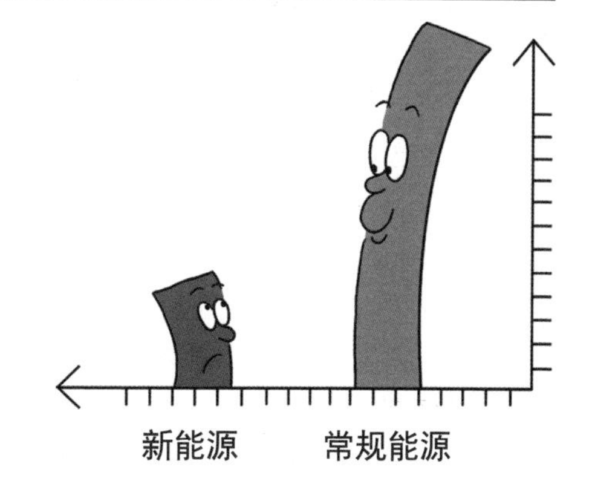
新能源
常规能源

新能源
可再生能源中，很大一部分可都是属于新能源的。

清洁能源
非清洁能源

按开发过程中对环境的污染程度分包括两类：无污染或者污染很小的能源称为清洁能源，对环境污染大或者较大的能源称为非清洁能源。

H_2
含能性
过程性

按性质分包括两类：集中储存能量的含能物质称为含能体能源；物质运动过程产生和提供的能量称为过程性能源，这种能量无法储存且随着物质运动过程结束而消失。

嘿嘿，活到老，学到老嘛。
原来能源有这么多种类啊，看来我得多冲冲电了。

4. 一次能源与二次能源的较量

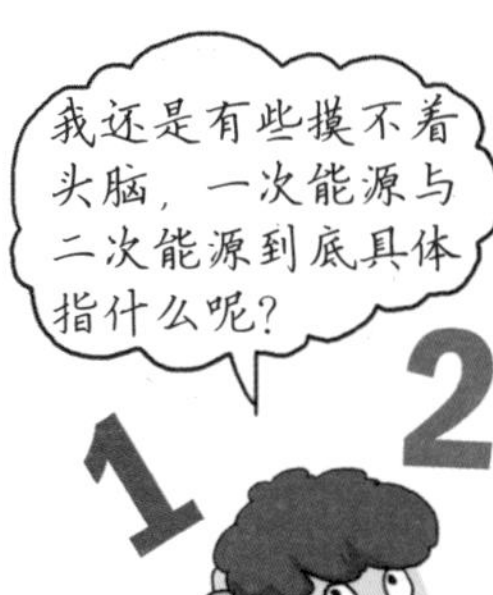
我还是有些摸不着头脑，一次能源与二次能源到底具体指什么呢？
1
2

一次能源指在自然界中现成存在的能源，这不难理解吧，比如煤炭、石油、风能等。

那二次能源是不是指能经过加工、转换成另一种形态的能源？

呦，不错，孺子可教也，电力、焦炭、煤气、蒸汽、热水，以及汽油、煤油等石油制品都是二次能源。

弱弱地问一句，有没有三次、四次能源，如果一次能源转换很多次，那所获得的能源称为什么呢？

4
5
2
6
1
3
二次能源

嗯，好问题。其实一次能源无论经过多少次转换所得到的另一种能源，都称为二次能源。

另外，一次能源按形成和特点，又分为三类。一类为来自地球以外天体的能量，主要是太阳，也包括太阳以外的天体；二类为来自地球本身的一次能源；三类为地球与其他天体相互作用而产生的能量。

一次能源中，第一类太阳辐射能最多，每年进入二三类的能量只有它的 1/5000。
看来，太阳能真是无处不在啊。

5. 常规能源与新能源的较量

核裂变能
煤碳
石油
水能
天然气
再给我讲讲常规能源和新能源吧。
常规能源是指在当前的利用条件与科技水平下，已被人们广泛使用且利用技术又较成熟的能源。

不错，人类使用煤炭做燃料，可追溯到2 000多年前。20世纪20年代，煤炭的地位下降，石油与天然气的使用越来越多。而90年代，核能发电提供的电力已约占全世界电力总量的17%。
哦，我明白了，煤炭、石油、天然气、水能、核（裂变）能等人类广泛应用的能源都属于常规能源。

新能源是指目前还没有被大规模使用，但它是已经开始或者即将被人们推广利用的一次能源。老兄，能举些例子吗？
嗯…我想想，太阳能、风能、海洋能、沼气、氢能、地热能……

以核能为例，20 世纪 50 年代初期，人们开始把它用来生产电力及作为动力使用时，当时被认为是一种新能源，而在步入原子能时代的今天，世界上已经有一些国家把核能划为常规能源。

6. 可再生能源与非可再生能源的较量

可再生能源是指能够持续使用、不断得到补充的一次能源。如水能、太阳能、生物质能、风能、海洋能、潮汐能等。

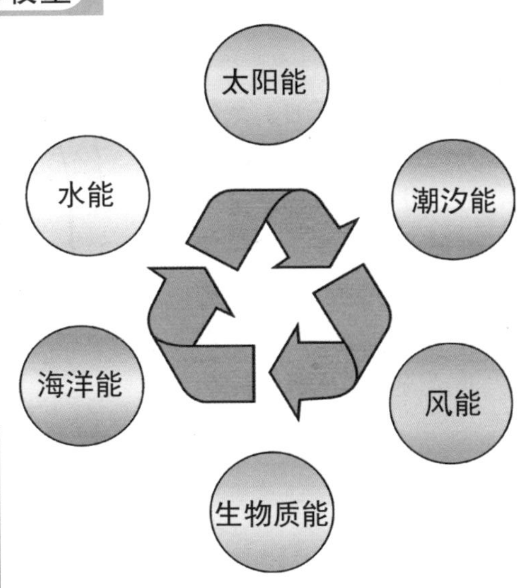
太阳能
潮汐能
风能
生物质能
海洋能
水能

实际上，可再生能源多是太阳能的派生能源。太阳能蒸发海水、河流、湖泊及其他地表水，成为大气的水分子，然后凝结成空气中的水分子，落到地面上，流入江河湖海，所以水能、海洋能是可再生的。生物质能是在太阳的照射下，进行光合作用。风能就更是太阳能作用的产物了。但是潮汐能是月亮与太阳对地球的引力作用产生的。

非可再生能源是指经过开发使用后，不能重复再生的自然能源，也就是说在短期内无法恢复的一次能源，也叫不可更新能源或者消耗性能源。

能源
不能再生了！呜——

煤炭、石油、天然气、油页岩及核燃料铀、钍等都属于非可再生能源。这些能源深埋于地壳中，一旦被人类开发取用，其储量会逐渐减少，无法再生。

仅可供 25 ～ 30 年用。

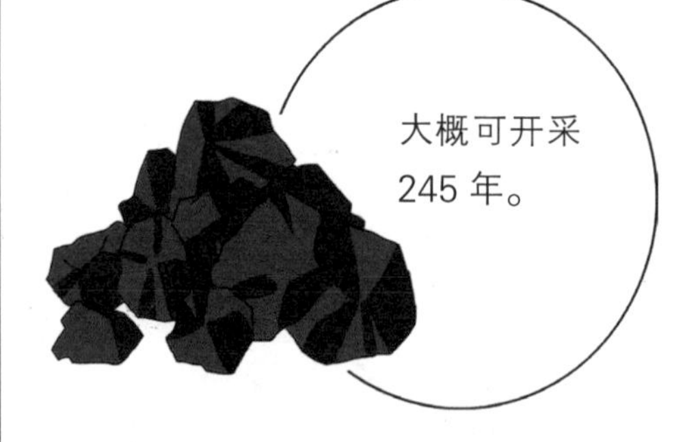
大概可开采 245 年。

据能源专家测定，世界地壳的能源寿命大体情况如下：石油的可采储量是 5 500 亿～ 6 700 亿桶（1 桶 =158.987 升），仅可供 25 ～ 30 年用。世界煤炭的总储量约为 10.8 万亿吨，大概可开采 245 年。

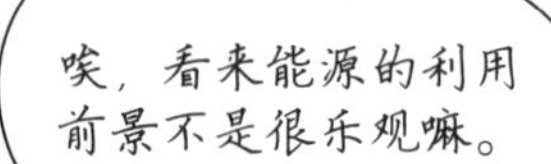
唉，看来能源的利用前景不是很乐观嘛。

7. 评价能源品质的技术指标

能源A
能源B
老兄，知道怎样评价能源的好坏吗？
这，这……有些难度，你来说说吧。
还有呢？
好吧，首先是能流密度：在一定空间和面积内，从某种能源实际所能得到的功率，就是能流密度。
其次是开发费用和设备价格：对能源的使用，必须对它的开发费用及使用过程中的设备价格进行评价。
嗯，说的对。
开发费用
设备价格

存储可能性
供能的连续性

存储可能性与供能的连续性：即不需要时，能量可存储起来，需要时可立刻供应。

运输费用与损耗：太阳能、风能及地热能难以运输。石油与天然气容易运输，煤也可以运输。水电站可以将水能转换成电能，通过高压电线运送至远处，其损失与基建投资均比较大。

减少环境污染是目前能源利用的重要趋势，这一点应该很重要。

对环境的污染：燃料及煤炭对环境污染较严重，新能源多为无污染的洁净能源，对环境影响较小。

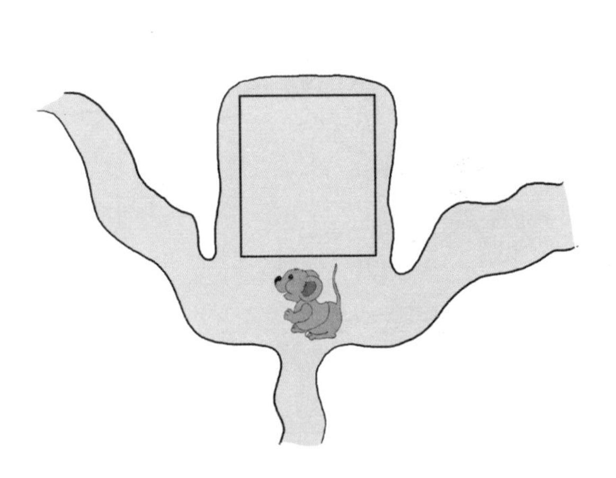

储藏量：作为能源，一个必要条件是它的储藏量要足够丰富。另外，能源的地理分布和对它的开发使用也有很大关系。

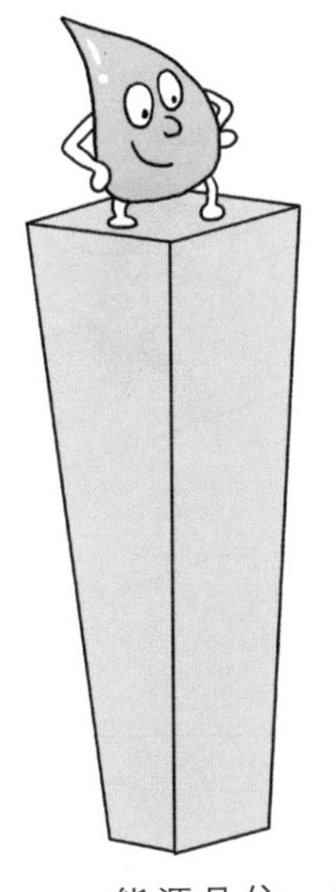

能源品位：能直接变成机械能与电能的能源（如水力）品位，要比那些须先经过热这个环节才能转化的能源（如矿物燃料）品位要高一些。注意：是“品位”而不是“品味”哦。

8. 目前我国能源建设面临的窘境

50%

我国能源总的产量在世界居前列，但是我国目前人均能源消费量还不到国际平均水平的50%。随着我国能源生产的增加，人均能源消费量增长得也比较快，但和发达国家相比还是相对较低。

啊？差距这么大！
对啊，谁让我国既是能源大国，又是人口大国呢。

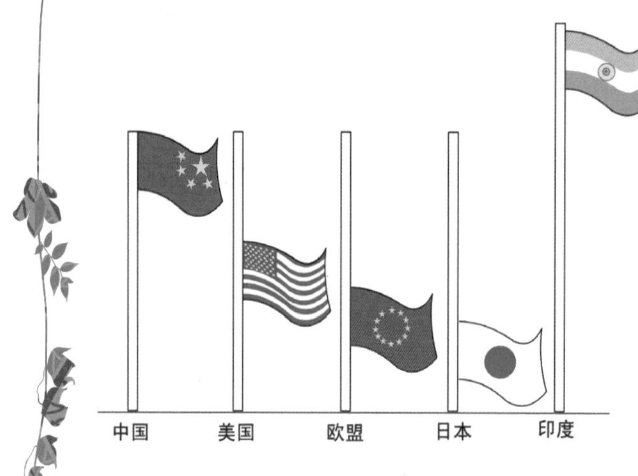
中国
美国
欧盟
日本
印度

目前，我国的能源利用效率约为33%，比发达国家低10个百分点；单位产值能耗是世界平均水平的2倍，比美国、欧盟、日本分别高2.5倍、4.9倍和8.7倍。

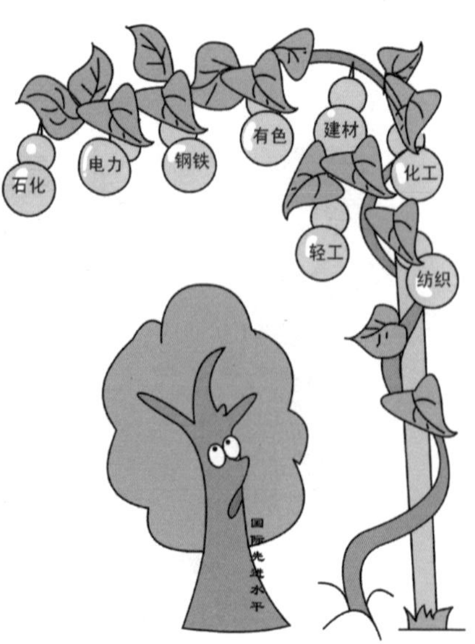
石化
电力
钢铁
有色
建材
化工
轻工
纺织
国际先进水平

我国8个行业（石化、电力、钢铁、有色、建材、化工、轻工及纺织）主要产品单位能耗平均比国际先进水平高出40%。

另外，环境污染严重。我国是世界上能源生产与消费大国，而且我国化石能源的储藏特点决定我国是世界上少数以煤炭为主要一次能源的国家，煤炭占我国一次能源生产与消费总量的 70% 左右。

看来，我国的减排工作任重道远啊！
健康

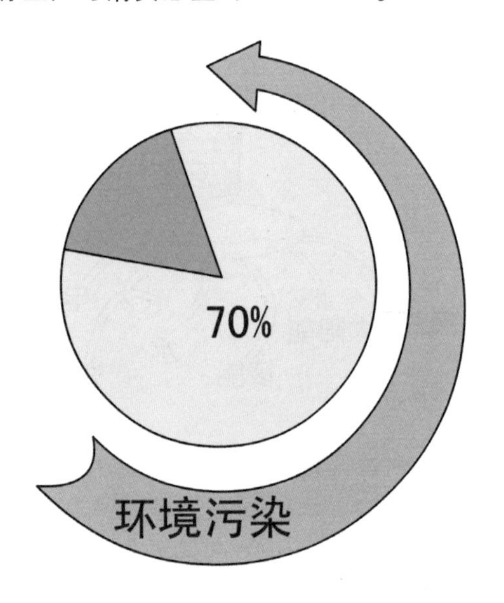
70%
环境污染

据世界银行统计资料，我国城市空气污染对人体健康及生产造成的损失估计每年超过 1 600 亿元；中国人均 CO 排放量已经超过世界平均量，总排放量据世界第一。

9. 我国能源建设的发展思路

既然我国能源建设存在很多问题，我们就应该改善一下能源建设的发展思路。
怎么改善呢？

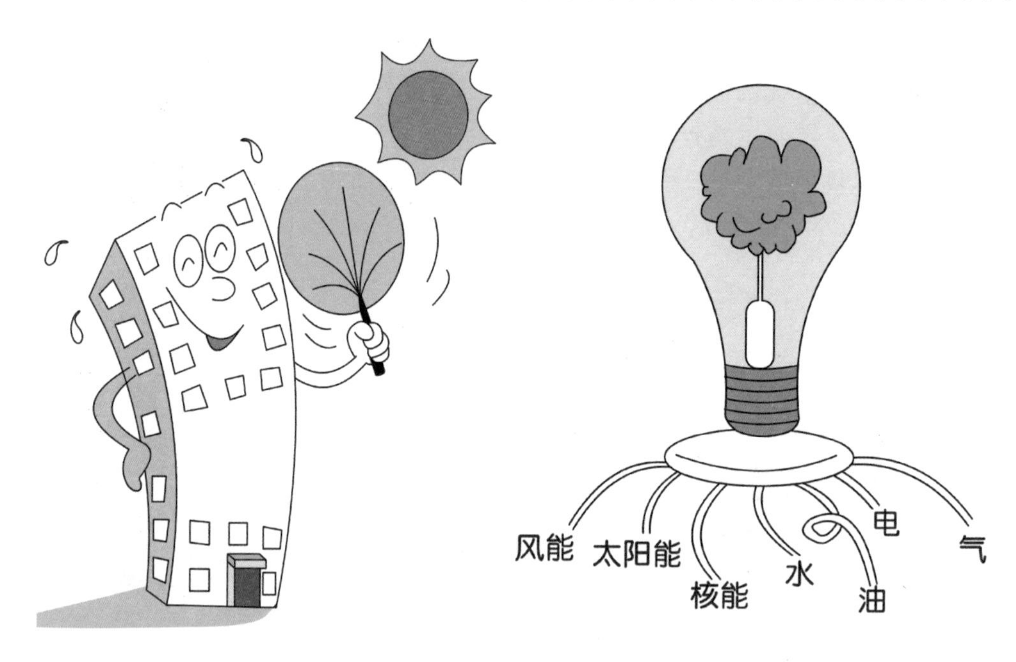
风能
太阳能
核能
水
油
电
气

坚持节能优先，降低能耗。攻克主要耗能领域节能关键技术，积极发展建筑节能技术，大力提高一次能源利用效率及终端用能效率。

在提高油气开发利用与水电技术水平的同时，大力发展核能技术，形成核电系统技术的自主开发能力。风能、太阳能等可再生能源技术取得突破并且实现规模化应用。

就从我们身边的小事做起。
对，节能这个方法不错，我们要赶快实施起来。

大力发展煤炭清洁、高效、安全开发与利用技术，并且力争达到国际先进水平。

攻克先进煤电、核电等重大装备制造的核心技术。

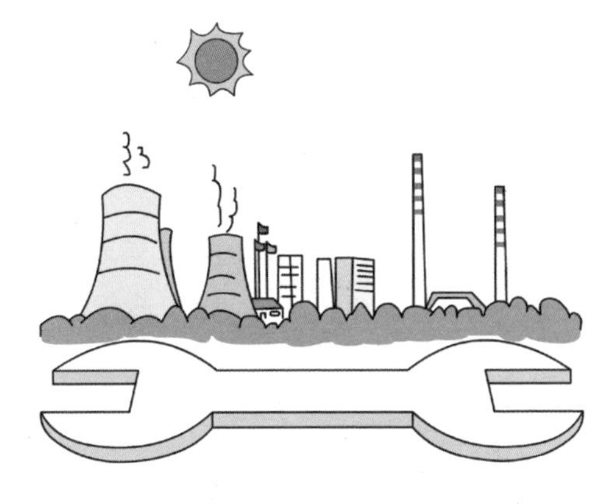

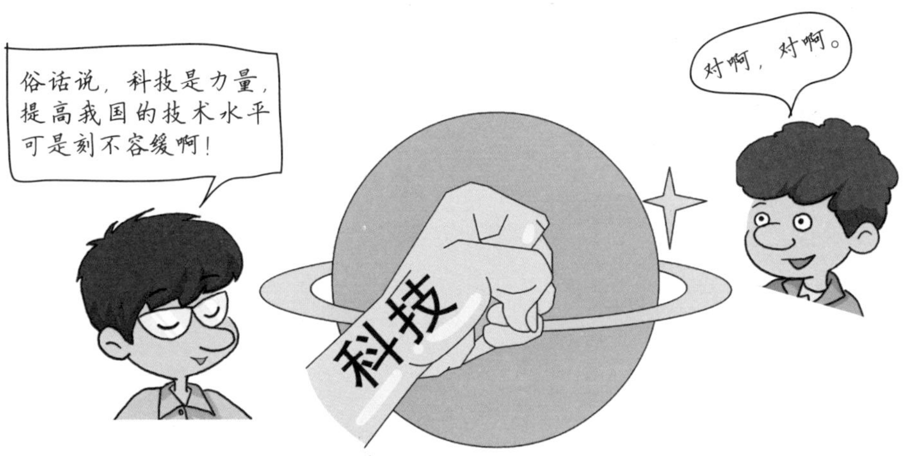
俗话说，科技是力量，提高我国的技术水平可是刻不容缓啊！
对啊，对啊。
科技

重点开发安全可靠的先进电力输配技术，实现大容量、远距离、高效率的电力输配。

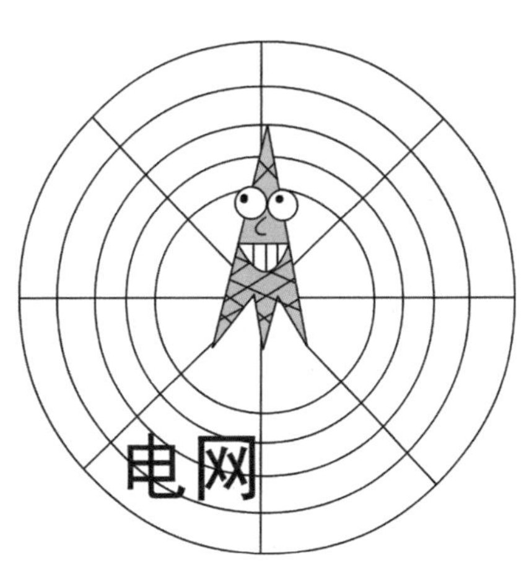
电网

10. 国际可再生能源的发展模式

目前，世界各国支持可再生能源研究发展的补贴政策力度加大。我们来看看各个国家的相应政策。

美国国会延长了可再生能源的发电补贴政策，2009 年风电等可再生能源发电上网的退税政策得到延续，美国可再生能源发电市场的发展得到了法律的保障。

2
1
光伏发电

日本恢复了停滞两年的光伏发电补贴政策。

欧盟各国的可再生能源发展目标得到了各自政府的批准。

2008 年年末，为了应对金融危机，很多国家相继推出了救市计划，其中，可再生能源与其他低碳或清洁技术项目的财政预算大大提高。

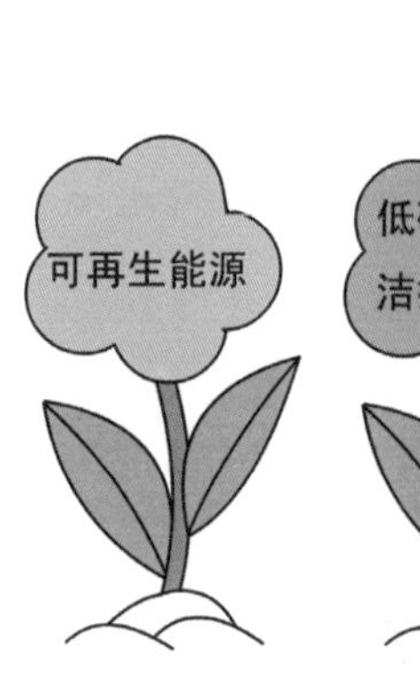
可再生能源

低碳或清
洁技术项目

可再生能源发展初期除了自身投入成本高、见效周期长、风险大之外，还面临传统能源的巨大竞争压力。

传统能源
可再生能源
成本高
风险大
见效周期长

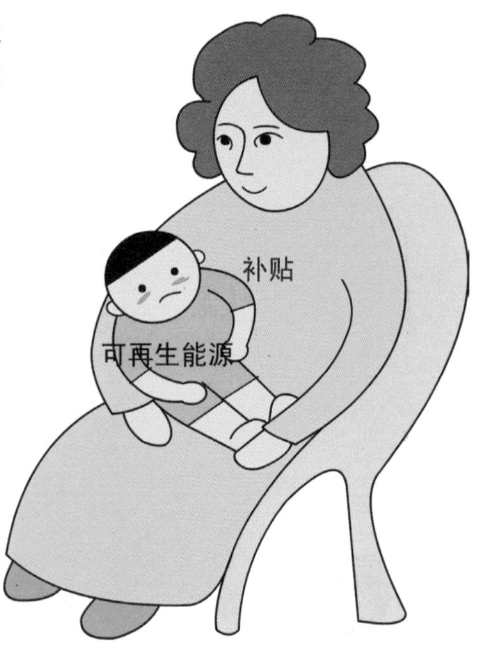
补贴
可再生能源

可再生能源发展仍依赖于补贴式发展。

11. 国际可再生能源的发展趋势

全球经济危机
可再生能源

嘿嘿，总结的不错。
是不是可以说，可再生能源发展已成为应对经济危机的有效手段了？
可再生资源
经济危机

近几年随着全球经济形势的大幅度波动，可再生能源被提到了一种战略性的地位。当前各国可再生能源发展的力度均大大提升，可再生能源已经成为应对全球经济危机的必要选择。

企业
国家
企业
可再生能源计划

可再生能源的起步很大程度基于传统能源危机的冲击，在可再生能源计划推出之初，许多国家与企业都将其视为一种被动的外部约束和要求。

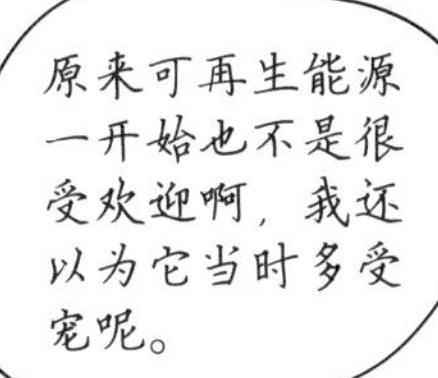
原来可再生能源一开始也不是很受欢迎啊，我还以为它当时多受宠呢。

唉，没办法呀，万事开头难啊！

大家逐渐发现了可再生能源的优点，可再生能源逐渐获得了公众的青睐。

气候
环境
地球
可再生能源
传统能源

近年来，气候变化与环境恶化使传统能源产业的发展受到限制，可再生能源的正向效应正逐渐体现出来。越来越多的国家、企业与个人把可再生能源视为未来经济可持续发展的新方向。

由于20世纪70年代爆发石油危机的刺激，众多市场化国家开始重视可再生能源的研发，陆续制定了一系列有关可再生能源研发与示范性政策，鼓励和促进可再生能源发展。

可再生能源政策

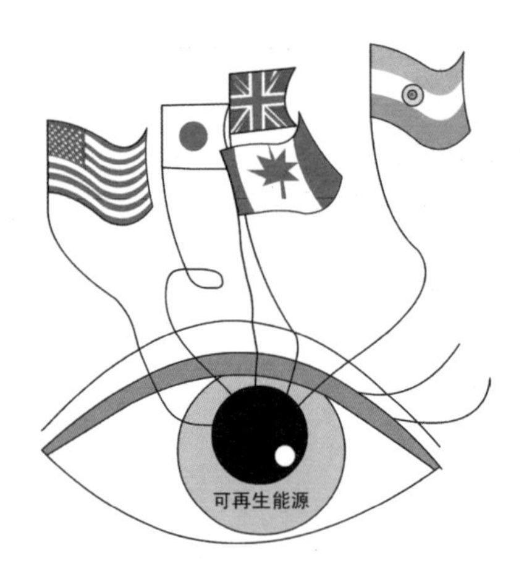
可再生能源

可再生能源发展逐步从外部约束转变成自愿发展。各个国家开始逐渐明确各自可再生能源战略发展的目标。

12. 我国可再生能源的发展现状

喂，老兄，跟我说说我国可再生能源的发展现状吧。
好，我们一起来了解一下吧。
可再生资源
可再生能源

总体来说，我国在发展可再生能源领域已经取得了非常大的进展，在多个领域世界排名第一。目前，各地发展可再生能源产业的热情高涨。

我国的能源结构，尤其是电力结构在可再生能源快速发展的带动下继续优化，火电比重下降，可再生能源的比重上升。核电建设步伐逐步加快，目前全国共有运行和在建核电机组 46 台。

可再生能源
火电
电力结构

美国
中国
德国
1
2
3

政府大力发展可再生能源及在可再生能源政策的带动下，我国可再生能源产业已受到大型能源集团、国际资本、风险投资等诸多投资者的广泛关注。中国已超过德国，成为仅次于美国的全球可再生能源投资第二大国。

可再生能源在我国开始扬眉吐气了嘛！
可再生能源
不过关键问题是我们应该对其合理开发利用。

创新

我国依托重大工程开展科技创新，将重大装备自主化作为提升我国可再生能源产业素质与竞争力的重要环节，2009 年三代核电超大型锻件、主管道及安全壳等关键设备自主化研制取得重大突破。

但是现在可再生能源的研究发展也是困难重重啊！

困难
困难
困难
困难
可再生能源

13. 我国可再生能源发展的无奈

2020年
45亿吨
能源需求总量

从目前来看，可再生能源各个领域均还有很大差距，所有可再生能源技术都不足以在所需要的规模上取代传统的能源结构。

传统的能源结构

可再生能源

可再生能源短期内难以取代以煤为主的能源结构。预计到2020 年，我国能源需求总量可达到45 亿吨标准煤，这意味着可再生能源领域必须要加大投入才能确保消费比重稳定提升。

我好像是过于乐观了。

核心技术的缺失可是制约我国可再生能源发展的重要方面啊！
核心技术

我国可再生能源技术的整体水平偏低，核心技术大多依赖国外。核心技术的缺乏已经成为新能源产业发展的瓶颈。

在大自然环境中，风速以及太阳光辐射强度受到包括天气、地势等很多不可抗拒的自然因素的影响，这些因素决定了可再生能源发电的随机性。

国外发展可再生能源是将可再生能源发展纳入电网规划同步进行，而我国正好相反，配套技术及电网设施相对滞后，导致大量已建成的风电场不能发电。

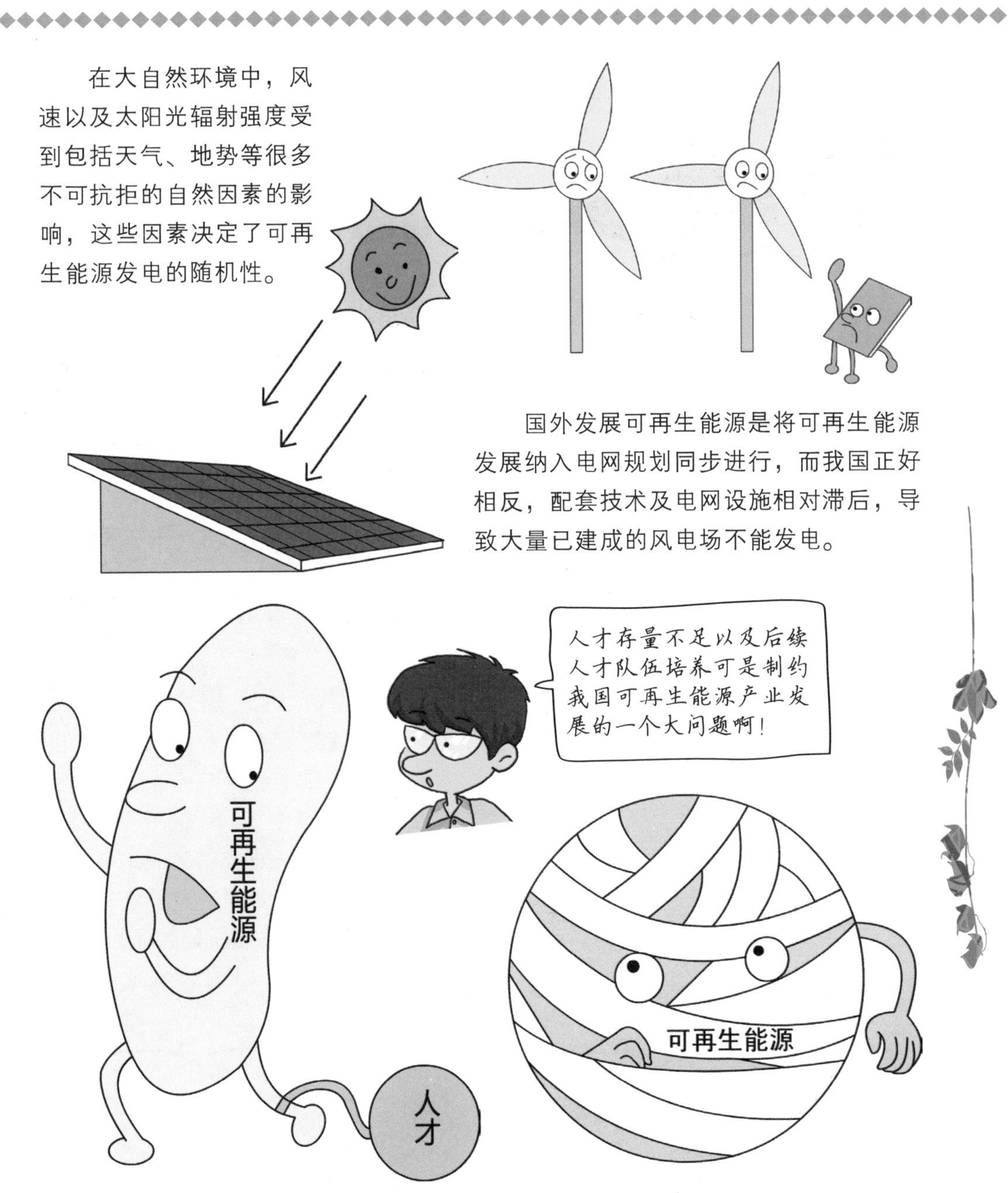
人才存量不足以及后续人才队伍培养可是制约我国可再生能源产业发展的一个大问题啊！
可再生能源
人才
可再生能源

经过几年的发展，我国在发展可再生能源方面已具备了一定的人才队伍基础，但是许多技术人员是来自于可再生能源相近领域的专业人员，没有接受过系统的技术学习与培训。

此外，我国的可再生能源发展还存在产业链结构不合理、国际可再生能源合作面临压力及可再生能源发展保障措施滞后等问题，这些都将进一步限制可再生能源技术在我国的运用以及可再生能源产业的发展。

14. 我国可再生能源的发展趋势

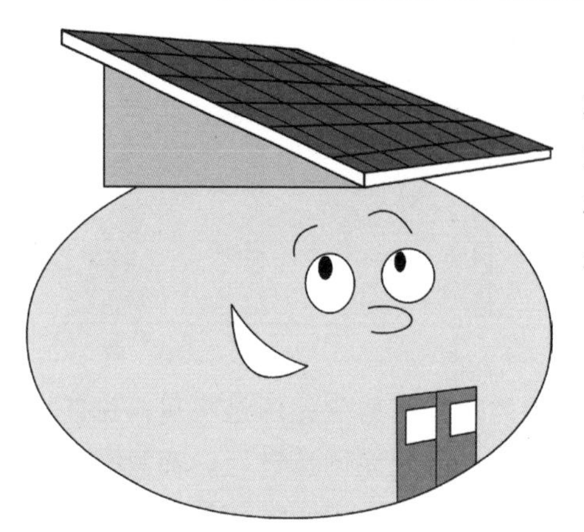

利用江河的流水发电、利用潮汐与海水运动发电是今后开发可再生能源的课题之一。根据调查，全世界水能资源蕴藏量在 50 亿 kW 以上，经济可用的水能资源每年可以发电 44.3 万亿 kW 时。

世界上许多国家都利用太阳能为住宅与工业建筑供热水，甚至出现了太阳能汽车与飞机、太阳能发电站，这种电站是利用太阳的热能产生的蒸汽来发电；另外一种更有发展前途的发电方式是光电转换，即利用光电池把太阳光直接转换成电能。

据专家研究，欧洲风力发电若能充分利用，可产生出相当于欧洲现有电力消费的 25%。我国东南沿海岛屿是最大的风能资源区。另外，新疆、内蒙古和甘肃也是较大的风能资源区。

地球上蕴藏的生物质能达到 18 000 亿吨，而植物每年经太阳的光合作用生成的生物质总量为 1 440 亿～1 800 亿吨（干重），当今人们充其量只消耗大约 15%。随着科学技术的进步，已经开始采用各种方法，使生物质能转化为木炭、焦油等，用于民用、工业、农业等方方面面。

第二章 魅力四射的太阳能

1. 聊一聊，什么是太阳辐射能

嘿嘿，老兄，现在对可再生能源有些了解了吧，说说你觉得离你最近的可再生能源。
这个嘛，我觉得是太阳能，它无处不在呀！

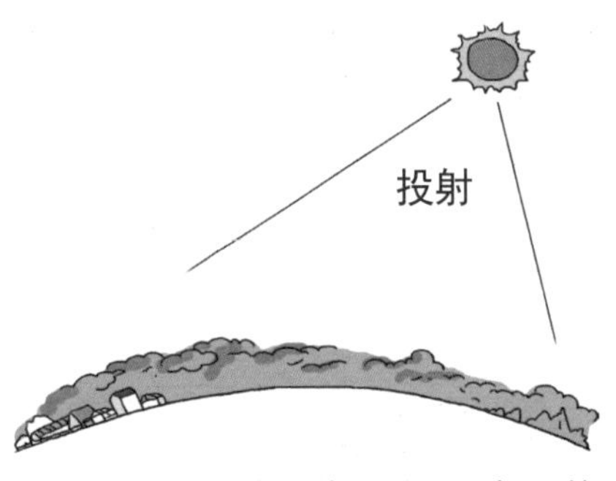
投射

那我们就说说太阳能，狭义的太阳能是指投射到地球表面上的太阳辐射能。

广义的太阳能资源，既包括直接投射到地球表面上的太阳辐射能，也包括像水能、风能、海洋能、潮汐能等间接的太阳能资源，还应该包括通过绿色植物的光合作用所固定下来的能量，也就是生物质能。

原来太阳能还有狭义和广义之分啊！

狭义
广义

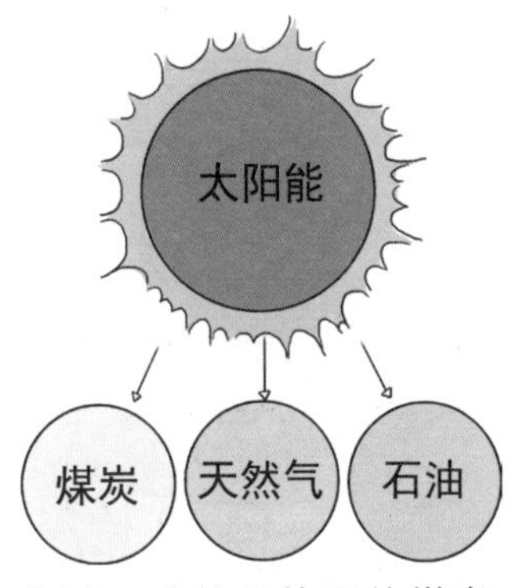
太阳能
煤炭
天然气
石油

现在广泛开采并且使用的煤炭、石油、天然气等，也都是古老的太阳能资源的产物，是由千百万年之前动植物本体所吸收的太阳辐射能转换而成的。

云雨
蒸发
辐射

水能是由水位的高差产生的，由于受太阳辐射作用，地球表面上的水分被加热而蒸发，形成雨云在高山地区降水之后，即形成水能的主要来源。

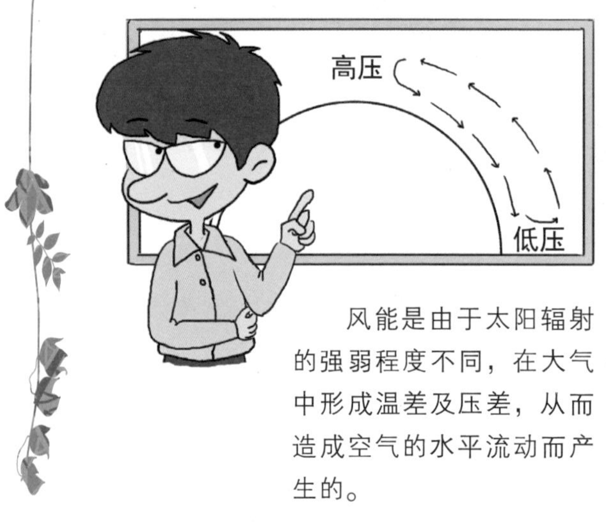
高压
低压

潮汐能是太阳与月亮对地球上海水的万有引力作用的结果。

风能是由于太阳辐射的强弱程度不同，在大气中形成温差及压差，从而造成空气的水平流动而产生的。

严格地来说，除了地热能和原子核能外，地球上的所有其他能源全部来自太阳能，这也称为“广义太阳能”，以与仅指太阳辐射能的“狭义太阳能”相区别。

原来这么多能源形式都与太阳能有关啊！
呵呵，所以说阳光可是很宝贵的！

2. 光芒四射——太阳能的优点

听说现在太阳能是能源利用中的“香饽饽”，看来它的优点很多啊！
对，相对传统能源而言，太阳能的“个性特征”的确更易受到人们的喜爱与关注。

太阳能的蕴藏量十分巨大，每年到达地球表面的太阳辐射能相当于130万亿吨标准煤，这个数字无疑十分惊人。

× N

内涵

目前，太阳能的储量约为世界消耗各种能量之和的 1×10^4 倍。因此，太阳对于人类而言是个百宝箱，“内涵”丰富。

太阳能
“取之不尽，
用之不竭”

太阳能并不是什么神秘的东西，俯拾即是。可以“送货上门”不需“亲自取货”。无论海洋、陆地，还是高山、岛屿，太阳能随处可见。它不属于高端的奢侈品，普通人即可消费。太阳能的这个优点使其无法受到恶性垄断，开发利用非常方便。

太阳能不仅是个百宝箱，而且是一个耐用的百宝箱。按照目前太阳能生产核能的速率计算，氢的储存量可以维持上百亿年。而地球的“寿命”与“上百亿年”相比，估计也只能望洋兴叹了。因此，从这个角度看，说太阳能“取之不尽，用之不竭”并不为过。

快递

太阳能素有“干净能源”和“安全能源”之称。

太阳能素有“干净能源”和“安全能源”之称。它不仅毫无污染，远比常规能源清洁；而且，毫无危险，远比原子核能安全。

哇，优点真是好多啊，阳光，阳光……
喂，可别高兴得太早啊！

3. 光芒暗淡——太阳能的缺点

嗯，我想想吧……

任何事物都是一分为二的，太阳能有优点，自然也有缺点，你能说来听听吗？

1.1kw

虽然到达地球表面的太阳辐射能的总量很大，但能流密度却很低。平均来说，北回归线附近夏季晴天中午的太阳辐射强度最大，为 1.1～1.2kW/m^2，即投射到地球表面 1m^2 面积上的太阳能功率只有 1kW 左右；冬季大约只有一半，而阴天往往只有 1/5 左右。

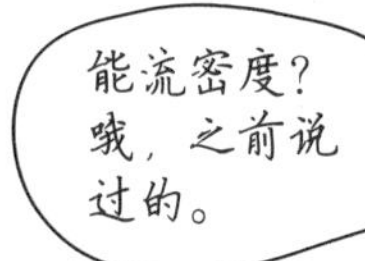

能流密度？哦，之前说过的。

看来记性还可以嘛。

季节变化
昼夜交替
天气变化
地理位置

怎样将白天的太阳能储存起来，以供夜晚或者天气不佳时使用，对于目前人类的开发利用水平而言，这将是一个不小的挑战。

挑战

昼夜交替、季节变化、天气变化、地理位置以及海拔高度等因素的影响使太阳能无法“独领风骚”。太阳能既具有间断性，又具有不稳定性。为了克服这个不受人们喜欢的毛病，就必须要解决好蓄能问题。

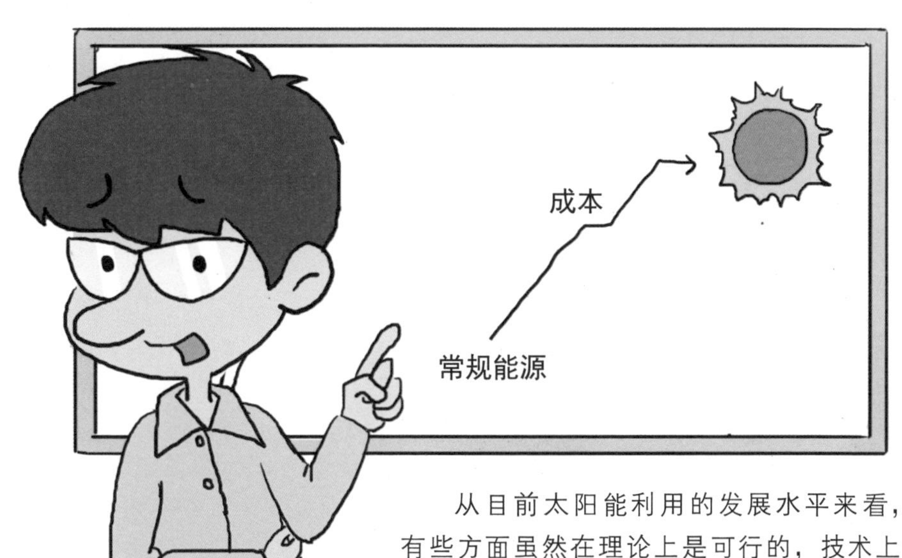
成本
常规能源

从目前太阳能利用的发展水平来看，有些方面虽然在理论上是可行的，技术上也很成熟，但是因为效率普遍较低，成本普遍较高，所以经济性很差，还不能与常规能源相竞争。

概括来说，太阳能具有分散性、间断性、不稳定性，而且效率低、成本高。在今后相当长的一段时期内，太阳能利用的进一步发展（特别是大规模的推广与使用）主要受到经济性的制约。

分散性
间断性
不稳定性
效率低、成本高
太阳能受经济制约

4. 太阳能资源的“居住地”

气候学家根据太阳辐射在纬度间的差异，将整个世界划分成若干个气候带，在中国，气象部门把热带进一步分为南热带、中热带、北热带、南亚热带、中亚热带及北亚热带。

西部地区太阳能丰富我是知道的，因为拉萨就有“日光城”之称嘛。

嘿嘿，老兄，你知识还很渊博嘛。

我国是世界上太阳能资源丰富的地区之一，尤其是西部地区，年日照时间达3 000h。太阳能分布最为丰富的是青藏高原地区，可与地球上最好的印巴地区相媲美。全国2/3以上地区年日照大于2 000h。青藏高原、内蒙古、宁夏、陕西等西部地区光照资源很丰富，据统计，若把全国1%的荒漠中的太阳能用于发电，就可发出相当于2003年全年的耗电量。

地理课上大家都学过嘛！
顺便问一下，知道气候带具体是怎样划分的吗？

90°
寒带
66.5°
温带
23.5°
热带
0°

寒带：极圈以内（66.5°～90°）

温带：纬度23.5°～66.5°

热带：南北回归线（0°～23.5°）之间

5. 扒一扒，太阳能热利用系统的种类

嘿嘿，洗耳恭听。
太阳能热利用系统根据温区不同可以分为低温太阳能利用系统（80℃以下）、中温太阳能利用系统（80～350℃）、高温太阳能利用系统（350℃以上）。下面为大家说说具体情况。

中温太阳能利用系统主要为工业生产提供中温用热。中温太阳能利用系统的集热器都要有一定程度的聚光，近几年来，聚光集热器的研制有了非常大的进展，开始由实验室走向市场。

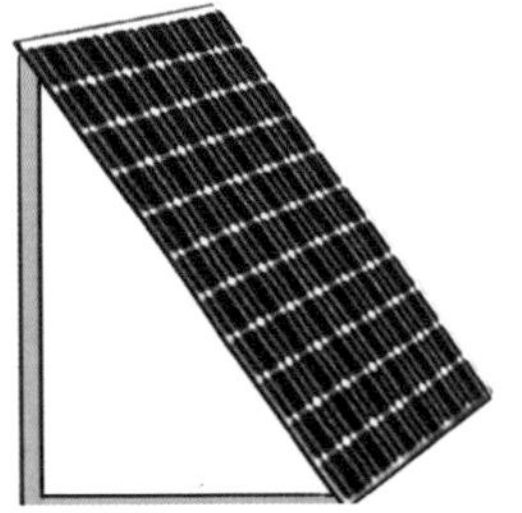

低温太阳能利用系统主要包括热水器、被动式太阳房、太阳能干燥及太阳能制冷等。近年来，低温太阳能利用系统的主要研究发展任务是降低太阳能集热器的制造成本、提高运行效率与可靠性，简化设备安装的方法。

高温太阳能利用系统主要用于大型热发电，它的集热系统需要建造大型的旋转物面聚光集热器与定日镜场。这两者（特别是定日镜）的投资耗费太大，它的应用目前仍处在实验阶段。近几年来，集中目标于研究技术先进、成本较低的定日镜。

呵呵，知道什么是定日镜吗？

这个问题我可是刚刚查过，它是将太阳或其他天体的光线反射到固定方向的光学装置，又称为定星镜。作用与定天镜类似，但是采用一块平面镜置于赤道式装置中，可作赤纬方向的移动。

6. 扒一扒，太阳能光利用的种类

电池
H

太阳能的光利用分为两个方面，一是太阳能电池，二是光化学制氢。

未来社会能源结构

太阳能电池具有方便、不需燃料与无污染等优点，近几年来得到很大的发展，有可能成为未来社会能源结构中的主要成员。

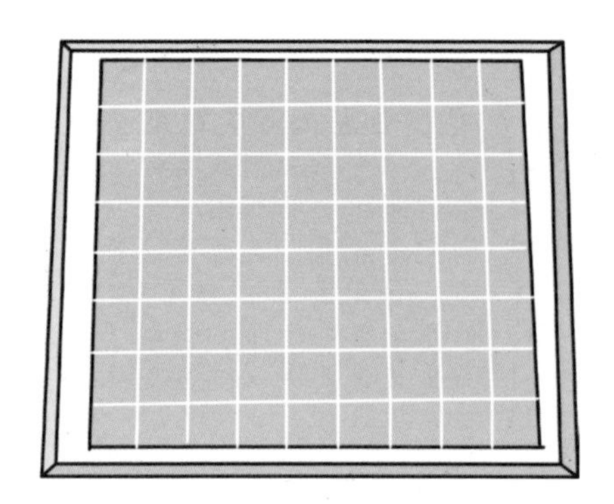

太阳能电池种类众多，主要光电池系列有单晶硅电池、多晶硅电池、非晶硅薄膜电池、砷化镓电池及硫化镉电池等。

原来太阳能电池还有这么多种类啊！
当然了，它们的用途可是很大的。
那光化学制氢是怎么回事啊？
光化学制氢是太阳能光利用的重要方面。主要有下面几种途径。

光化学分解水制氢是利用光直接照在电解液上，通过电解质的作用，把其中的水分解为氢和氧。

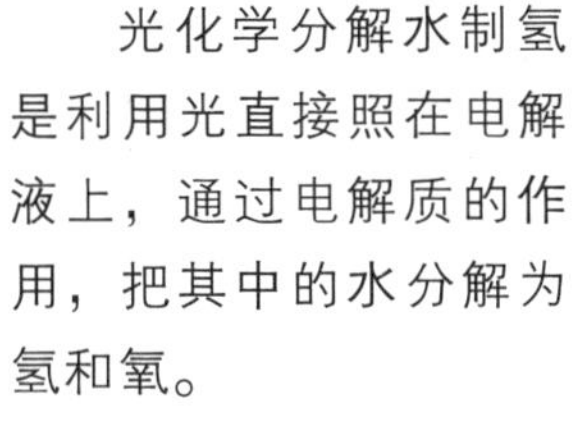

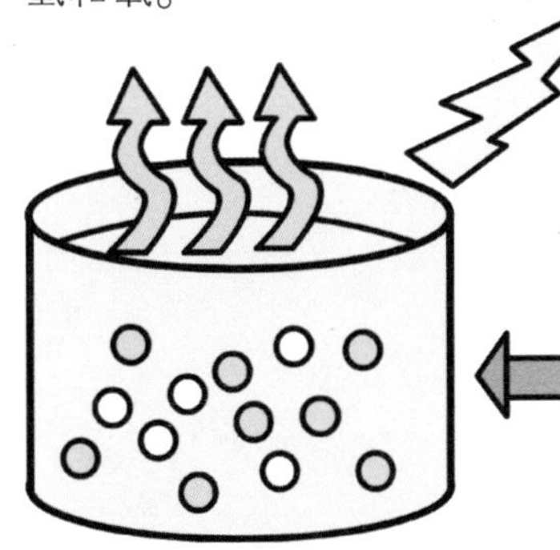

光电化学电池分解水制氢，是通过光电化学电池把太阳能转换成电能。

太阳光络合催化分解水制氢是通过络合物吸收光能，产生电荷分离、转移和集结，并通过一系列偶联过程，最终使水分解为氧和氢。

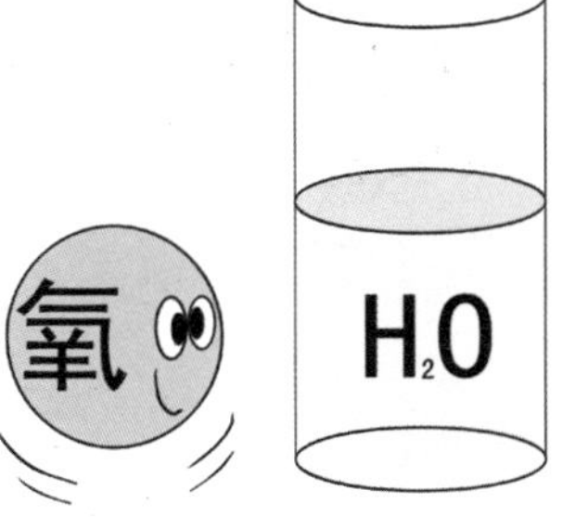
氧
H_2O

氢

络合物？？听得我一团乱麻。
现在大多称为配位化合物，是一类具有特征化学结构的化合物，由中心原子或离子和围绕它的称为配位体的分子或离子，完全或部分由配位键结合形成。

这里有些名词好专业啊，有点儿难理解。
光化学分解水制氢
阳光络合催化分解水制氢
单晶硅电池
络合物
多晶硅电池
硫化镉电池
非晶硅薄膜电池
砷化镓电池
老兄，没关系的，接触多了自然就明白了。

7. 太阳能开发的漫漫长路

看来，它的发展道路还是很曲折嘛！
太阳能
普及

目前，太阳能的开发利用基本上已经得到了人们的认可与支持，不过它的发展也并不是一帆风顺的。

第一阶段（1900—1920年）：在这一阶段，世界上太阳能研究的重点仍是太阳能动力装置，但采用的聚光方式多样化，并且开始采用平板集热器和低沸点工质。

第二阶段（1920—1945 年）：在这 20 多年中，太阳能研究工作处于低潮，太阳能研究工作逐渐受到冷落。

第三阶段（1945—1965 年）：在第二次世界大战结束后的 20 年中，一些有远见的人士注意到石油与天然气资源正在减少，从而推动了太阳能研究工作的恢复和开展。

第四阶段（1965—1973 年）：这一阶段，太阳能的研究工作停滞不前。主要原因为太阳能利用技术处于成长阶段，尚不成熟，且投资大，效果不理想。

第五阶段（1973—1980 年）：20 世纪 70 年代爆发的世界范围内的“能源危机”使许多国家重新加强了对太阳能以及其他可再生能源技术发展的支持。

第六阶段（1980—1992年）：进入20世纪80年代后，开发利用太阳能开始逐渐走向低谷。

第七阶段（1992年至20世纪末）：1992年的“世界环境与发展大会”召开后，世界各国加强了清洁能源技术的开发，使太阳能利用工作走出低谷，逐渐得到加强。

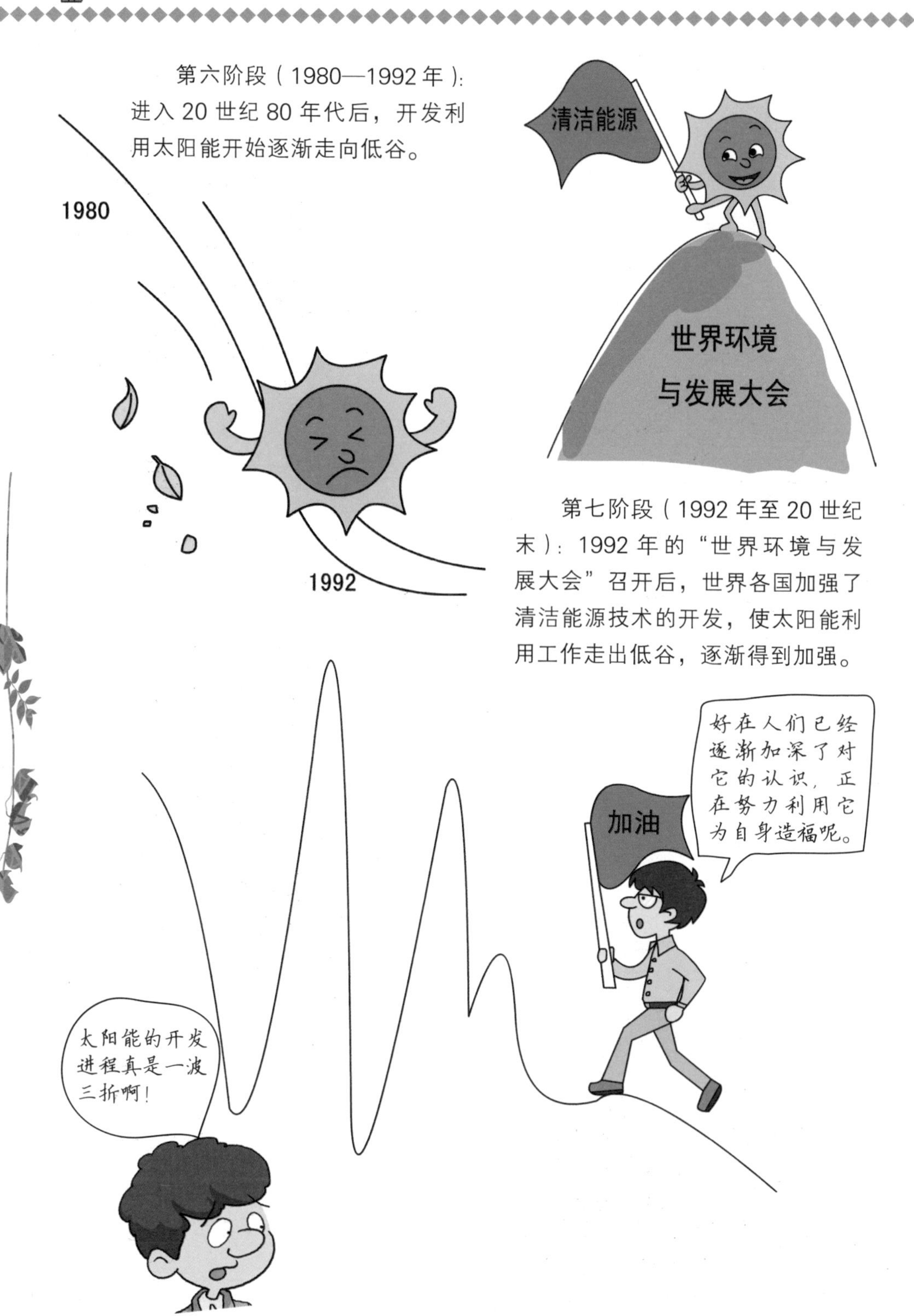
清洁能源
1980
1992
世界环境
与发展大会
好在人们已经逐渐加深了对它的认识，正在努力利用它为自身造福呢。
加油
太阳能的开发进程真是一波三折啊！

8. 扒一扒，太阳能热水器的种类

太阳能热水器是一种利用太阳能将水加热的装置。利用太阳能平板集热器，可把水加热到40～60℃，可以为家庭、机关、企业生活、生产提供洗澡、洗衣、炊事以及工艺等用途的热水，也可以用于太阳房、温室、制冷与热动力等装置中。

老兄，知道太阳能热水器有哪几种吗？
嗯……我家里有在用，可是具体有哪几种就不清楚了。

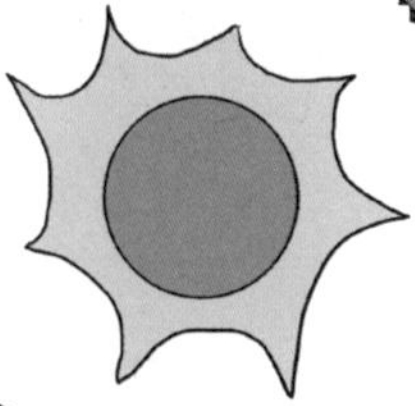

太阳能热水器中比较简单、造价较低、对于热水要求不太严格的是闷晒式热水器。这种热水器可分为有胆与无胆两类。

无胆闷晒式热水器也叫浅池热水器。它的太阳能闷晒盒内没有盛水胆。

管板式热水器也叫平板集热器，广泛用于农作物干燥、温水养鱼、温室种植蔬菜、空调与制冷、游泳池加热、浴池，以及各种工农业用热水，凡是工作温度低于100℃的领域，都可以用这种热水器作为热源。

聚光式热水器是由聚光集热器组成的热水器。从结构形式上看，聚光集热器可分为抛物柱面、圆柱面、菲涅尔透镜、旋转抛物面与锥面聚光等。一般聚光集热器都要求跟踪太阳，才能获得高温。

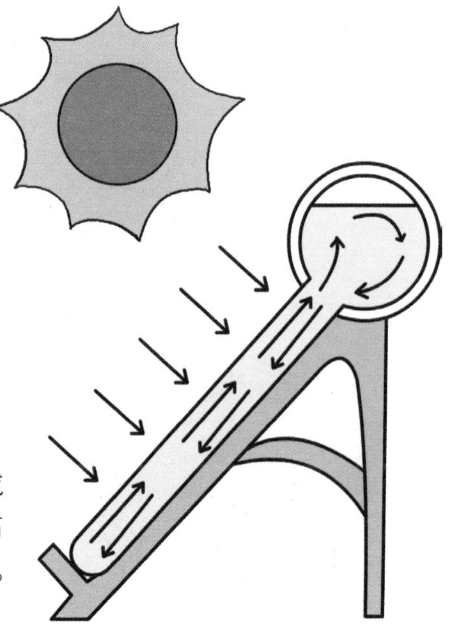

真空管式热水器是利用真空技术制成的，可以减少热对流损失，提高温度。最高温度可以达到200℃左右，能够全年使用。它不仅可以把水加热、也能够加热空气。

9. 太阳能集热器的“身体结构”

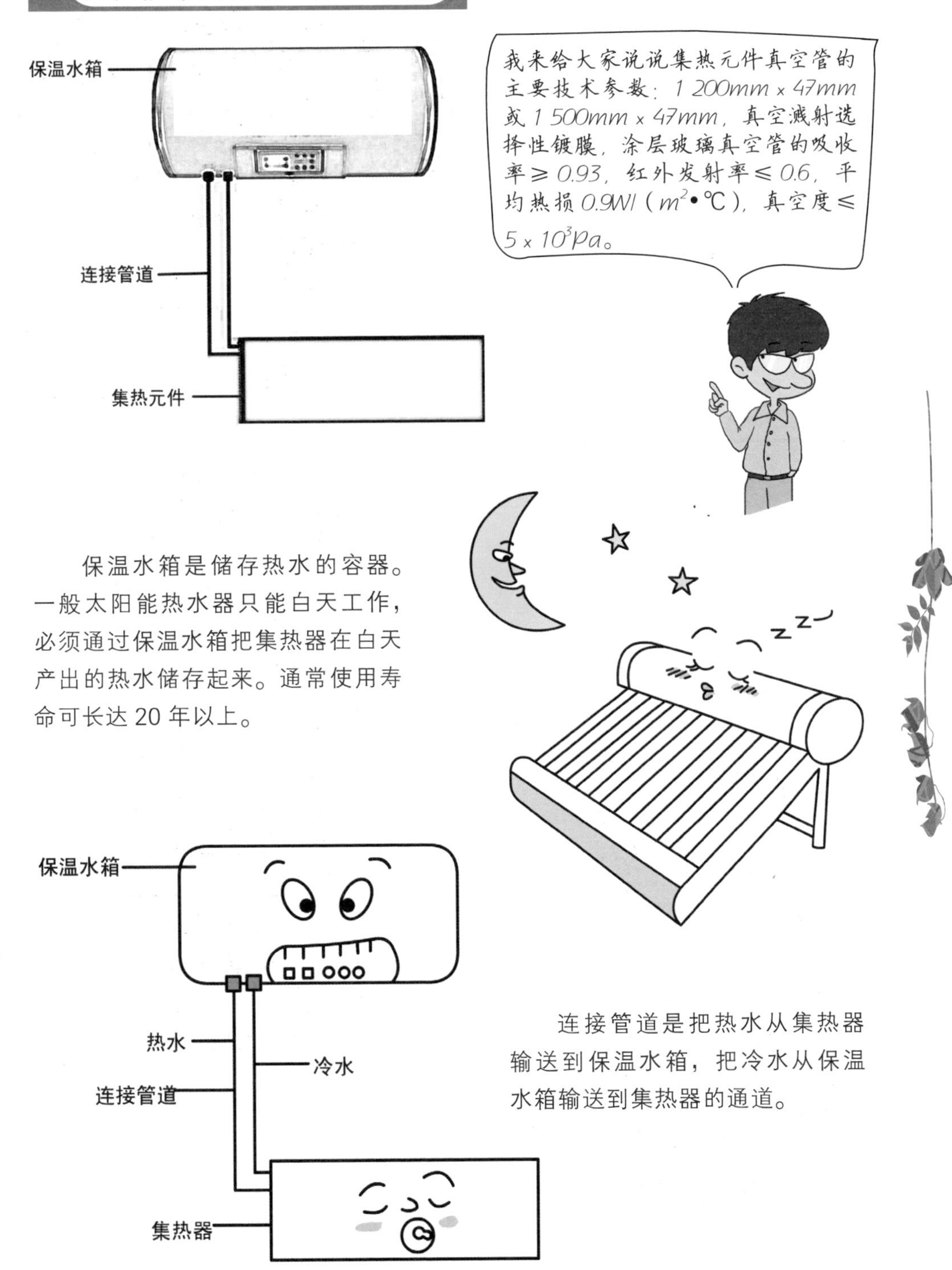

保温水箱
连接管道
集热元件
我来给大家说说集热元件真空管的主要技术参数：1 200mm × 47mm 或 1 500mm × 47mm，真空溅射选择性镀膜，涂层玻璃真空管的吸收率≥0.93，红外发射率≤0.6，平均热损 0.9W/（m^2•℃），真空度≤5×10^3pa。
保温水箱
热水
冷水
连接管道
集热器

保温水箱是储存热水的容器。一般太阳能热水器只能白天工作，必须通过保温水箱把集热器在白天产出的热水储存起来。通常使用寿命可长达 20 年以上。

连接管道是把热水从集热器输送到保温水箱，把冷水从保温水箱输送到集热器的通道。

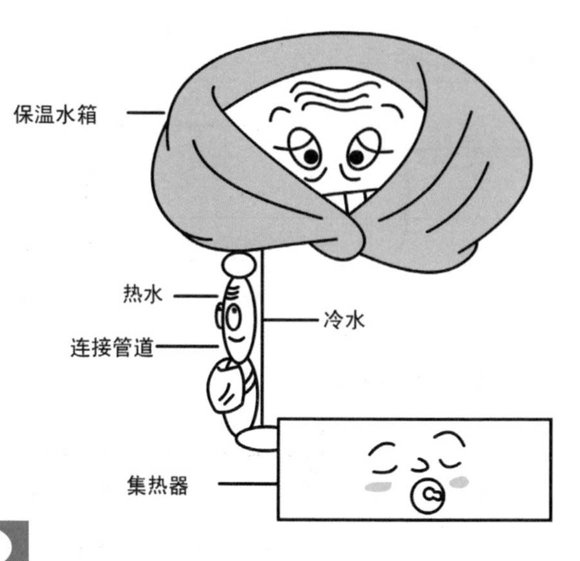
保温水箱
热水
冷水
连接管道
集热器

热水管道必须做保温处理。管道必须有较高的质量，保证有20年以上的使用寿命。

10. 扒一扒，太阳灶的种类

目前，推广使用的太阳灶主要包括箱式太阳灶和聚光式太阳灶两种。

箱式太阳灶也叫闷晒式太阳灶，它的形状像一个热箱。其工作方式是置于太阳光下长时间地闷晒，缓慢地积蓄热量。箱内温度通常可达 120 ～ 150℃，适合于蒸或煮食品。

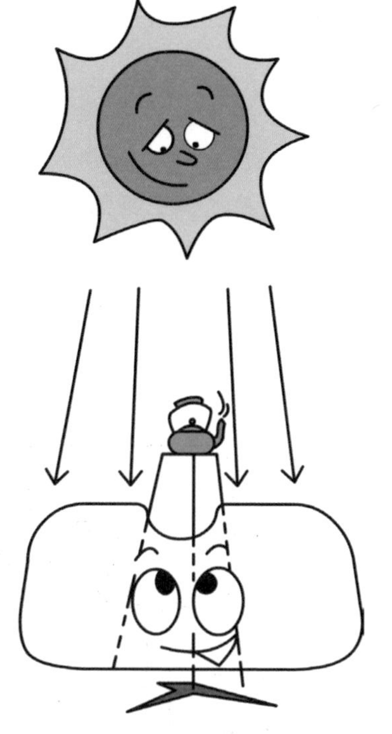

聚光式太阳灶是把大面积的阳光聚焦到锅底，使温度达到较高的程度，通常可达到数百摄氏度乃至千摄氏度以上的高温，以满足多种炊事用途的装置。

11. 扒一扒，太阳能干燥器的种类

太阳能干燥器的分类方法很多。按物料接受太阳能的方式分为直接受热式太阳能干燥器和间接受热式太阳能干燥器；按空气流动的动力类型分为主动式太阳能干燥器与被动式太阳能干燥器；按干燥器的结构形式和运行方式分为温室型太阳能干燥器、集热器型太阳能干燥器、集热器—温室型太阳能干燥器以及整体式太阳能干燥器。

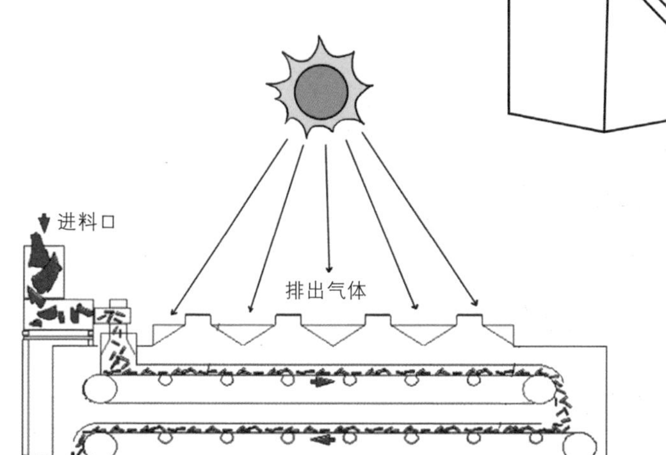
进料口
排出气体
出料口

直接受热式太阳能干燥器：被干燥物料直接吸收太阳能，且由物料自身将太阳能转换为热能的干燥器，一般称作辐射式太阳能干燥器。

间接受热式太阳能干燥器：利用太阳集热器加热空气，通过热空气与物料的对流换热而使被干燥物料获得热能的干燥器。

主动式太阳能干燥器：需要由外加动力（风机）驱动运行的太阳能干燥器。

被动式太阳能干燥器：不需由外加动力（风机）驱动运行的太阳能干燥器。

温室型太阳能干燥器：这种干燥器结构简单，造价低廉，投资少，且干燥时间短。

集热器型太阳能干燥器：它是太阳能空气集热器与干燥室分开组合而成的干燥装置。

集热器—温室型太阳能干燥器：结构简单、效率较高，但缺点是温升较小。

整体式太阳能干燥器：将太阳能空气集热器与干燥室两者合并在一起成为一个整体。

12. 太阳能在建筑节能中的精彩表现

现在大家都致力建设能源节约型社会，太阳能之所以大受欢迎的一个重要原因就是它在建筑节能中有着广泛的应用。

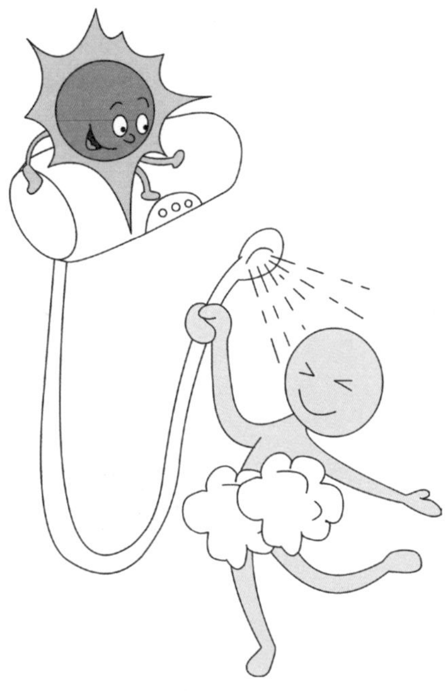

节能建筑

太阳能可以为人们的日常生活供给热水。太阳能用于生活热水供给是太阳能利用最为成功的范例。

太阳能可以用于采暖系统。它是将分散的太阳能通过集热器把太阳能转换成方便使用的热水，通过热水输送至地板采暖系统等。

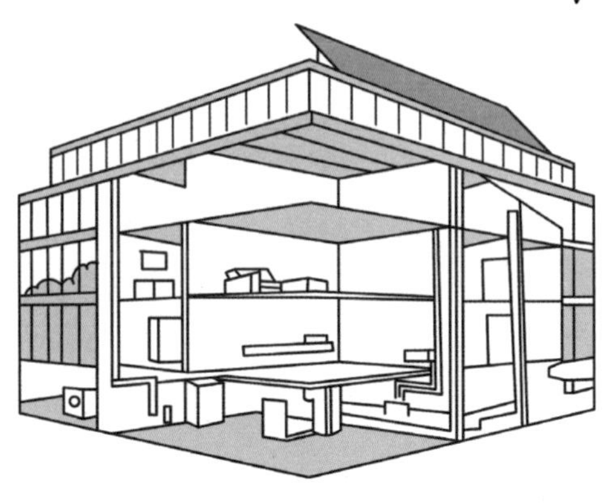

太阳能可以用来制冷。在夏季，被太阳能集热器加热的热水首先进入储水箱，当热水温度达到一定值时，由储水箱向制冷机提供热媒水；从制冷机流出并且已降温的热水流回储水箱，然后再由集热器加热成高温热水；制冷机产生的冷媒水通向空调箱，以达到制冷空调的目的。

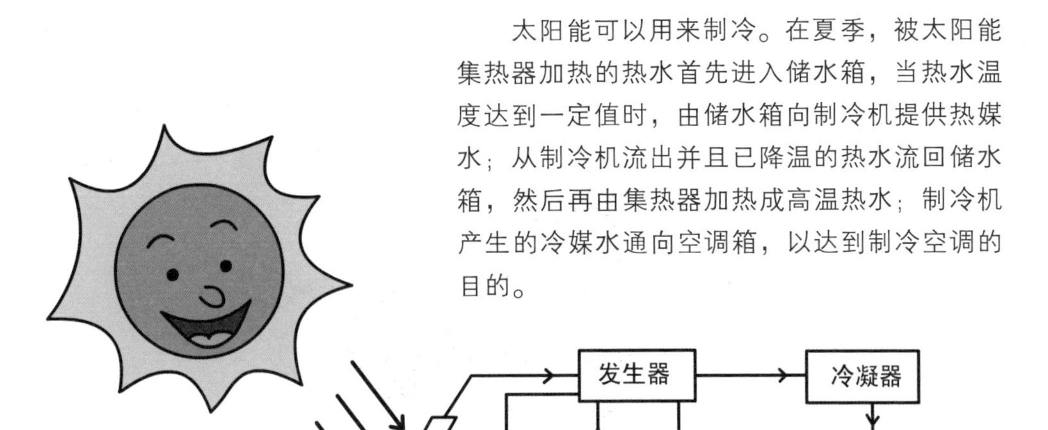
发生器
冷凝器
节流阀
集热板
泵
吸收器
蒸发器

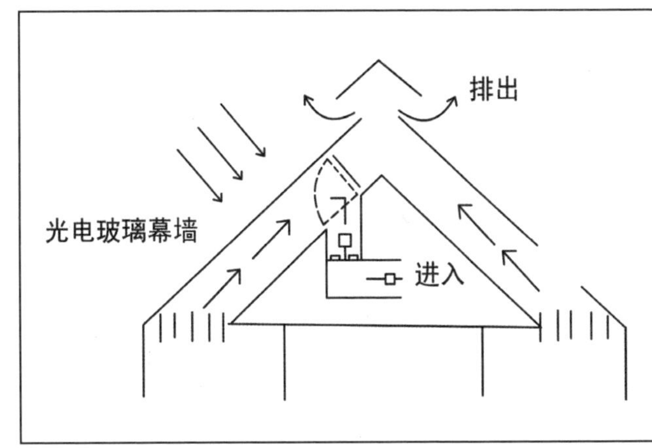
排出
光电玻璃幕墙
进入

太阳能建筑玻璃幕墙可以分为光热玻璃幕墙和光电玻璃幕墙。光热玻璃幕墙可用来提供生活热水。光电玻璃幕墙可用来提供生活用电。

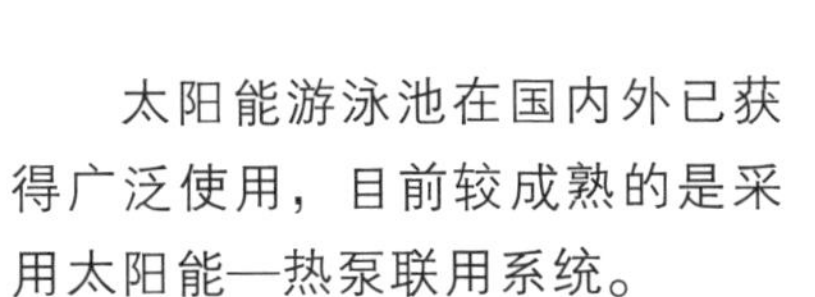

太阳能游泳池在国内外已获得广泛使用，目前较成熟的是采用太阳能—热泵联用系统。

天啊，太神奇了，看来太阳能可以为建筑节能作很多贡献呢！
对啊，所以应该加快太阳能开发利用的步伐啊！

13. 扒一扒，太阳能蒸馏器的种类

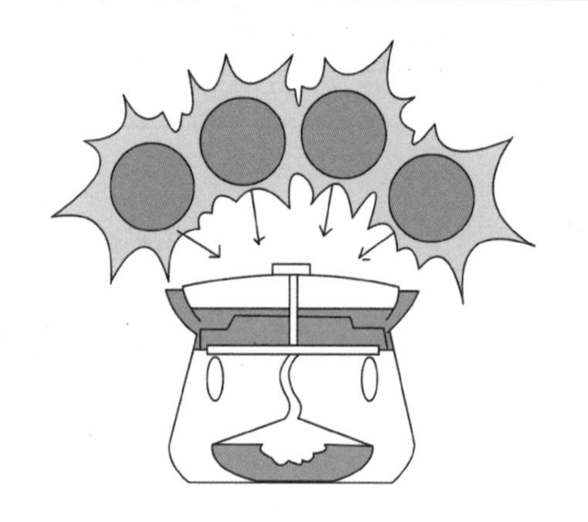

顶棚式蒸馏器以水泥浅池为基础，其工作原理是当太阳光透过玻璃顶棚，照射到黑色的水泥池底时，光线经黑体吸收后转变成热能，池中的海水接受热能后升温蒸发，在顶棚玻璃的内表凝结成水珠，重力作用使水珠流下得到蒸馏水。

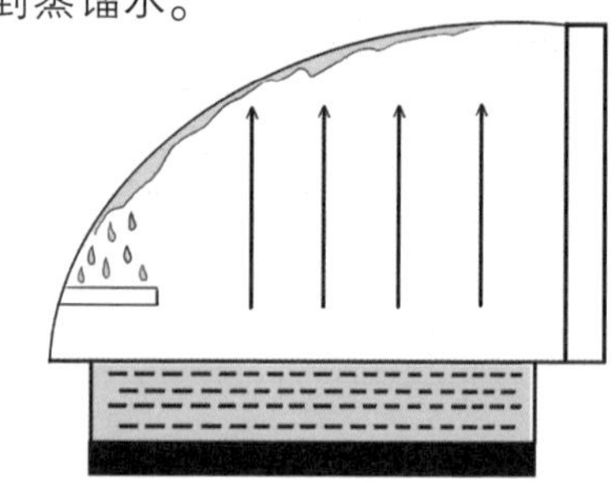

太阳能蒸馏器主要包括顶棚式蒸馏器、聚光式蒸馏器、圆球式太阳蒸馏器以及蜂窝结构的闪蒸式太阳能蒸馏器。

聚光式蒸馏器利用太阳能聚光器加热海水使其汽化，再经过高速冷凝器获得淡水。聚光蒸馏器效率高，但是造价昂贵。

圆球式太阳蒸馏器，球体用透明玻璃制作，上半球是集热顶棚，下半球容器注满海水。两个半球间的内周边为淡水集槽。球体在太阳能的推动下旋转，淡水不断流出。

蜂窝结构的太阳能集热器可以带动闪蒸式太阳能蒸馏器，蒸馏效率很高，可作为家用小型海水淡化装置。太阳能集热器的材料是塑料或者玻璃，蜂窝孔的横截面可以是矩形、圆形或三角形。

这么说，太阳能蒸馏器主要用来净化海水嘛！
嗯，理解得不错。

14. 太阳能电池的“综合素质”

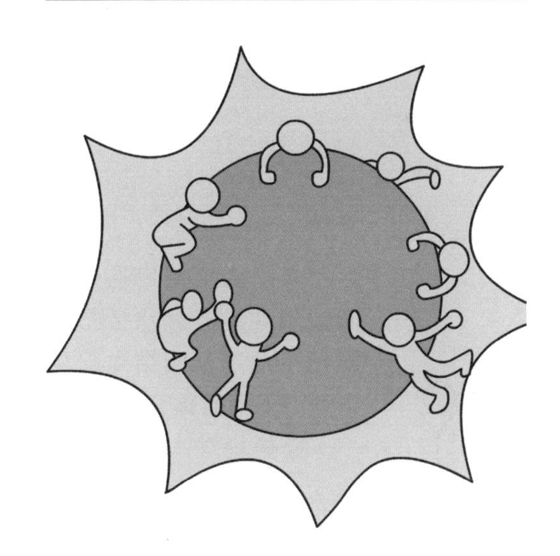

太阳能发电系统采用模块化安装，方便灵活，建设时间较短。还有它发电安全，不受能源危机的影响。而且它发电时没有运动部件，不易损坏，维护起来很简单。它发电不用燃料，不会产生废弃物，成本低，无公害，是理想的清洁能源。

安全

先来说说太阳能电池的优点，太阳能取之不尽，用之不竭，所以太阳能电池的基础力量很强大。

再说说太阳能电池的缺点，太阳能发电很容易受到气候条件的限制。且它的发电成本相对较高，需要很大的投资。

长
短

综合来说，太阳能电池既有优点，又有缺点，所以我们在使用的时候一定要注意扬长避短，以便取得最佳的使用效果。

15. 扒一扒，太阳能电池的种类

太阳能电池包括硅太阳能电池、多元化合物太阳能电池以及液结太阳能电池。下面具体介绍一下。

硅是地球上最为丰富的元素之一，用硅制造太阳电池具有广阔前景。人们首先使用高纯硅制造太阳电池（即单晶硅太阳电池）。由于材料昂贵，这种太阳电池成本过高，初期多用于空间技术，作为特殊电源供人造卫星使用。

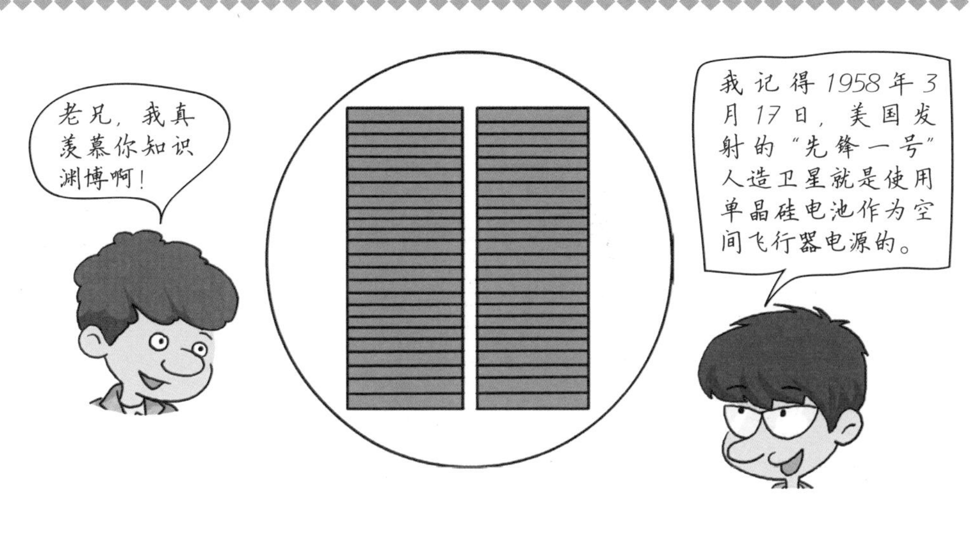
老兄，我真羡慕你知识渊博啊！
我记得1958年3月17日，美国发射的“先锋一号”人造卫星就是使用单晶硅电池作为空间飞行器电源的。

20世纪70年代开始，将硅太阳能电池转向地面应用。可以预见，大型太阳能电池发电站，太阳能电池供电的水泵与空调等将逐渐进入百姓家庭。

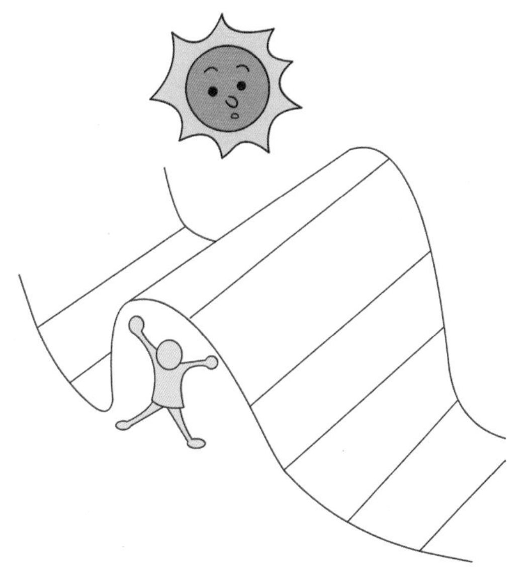

多元化合物太阳能电池指用单一元素半导体制成的太阳能电池。其中的薄膜太阳能电池轻薄如纸，厚度仅50～100μm，制作工艺简单，成本低廉。

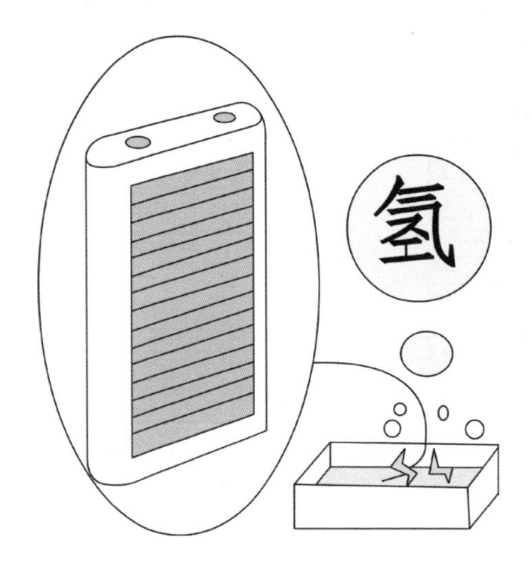
氢

目前，技术最成熟，并且具有商业价值的太阳能电池应算硅太阳能电池。太阳能电池的应用是太阳能利用中发展最迅速的技术之一，但是目前影响其大量推广使用的主要问题为装备成本太高。科学家们正在大力设法降低成本，为太阳能电池的推广与使用创造条件。

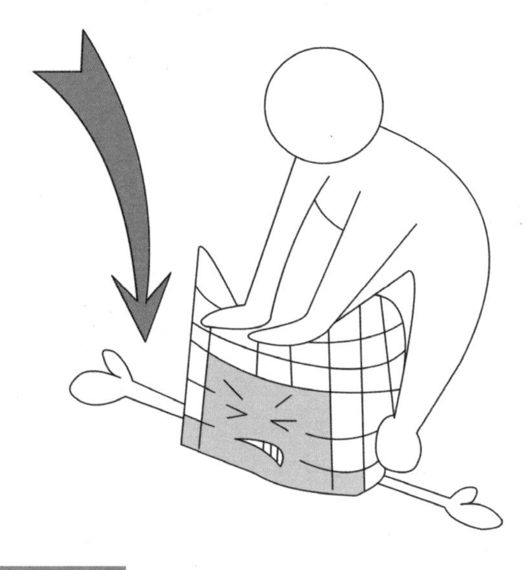

液结太阳能电池是一种光电、光化的复杂转换。它是把一种半导体电极插入某种电解液中，在太阳光照射的作用下，电极会产生电流，同时从电解液中释放出氢气。

16. 太阳能电池在地面的“大显身手”

利用太阳能电池作航标灯的电源效果很好，白天太阳能电池为蓄电池充电，夜间蓄电池给航标灯供电。

铁路信号、自动道闸等铁路设施都可使用太阳能电池，同样是白天太阳给太阳能蓄电池充电，白天黑夜都为铁路设施提供太阳能电源。

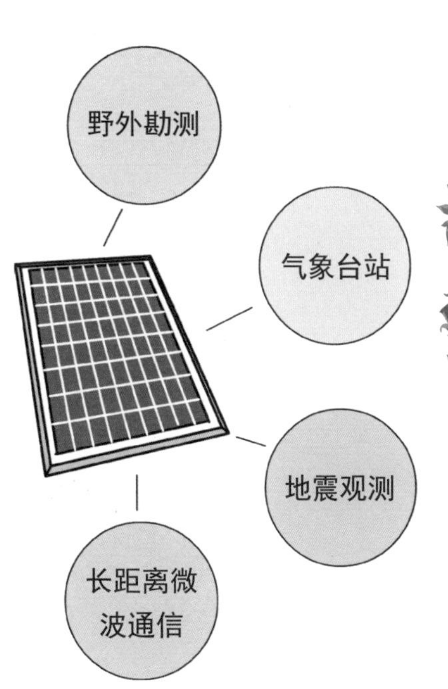
野外勘测
气象台站
地震观测
长距离微波通信

许多边远城镇、山区不容易接收电视台发射的信号，须借助电视差转台来转播，但差转台要选在高山上。这时便可采用太阳能电池供电，无需人员看守。

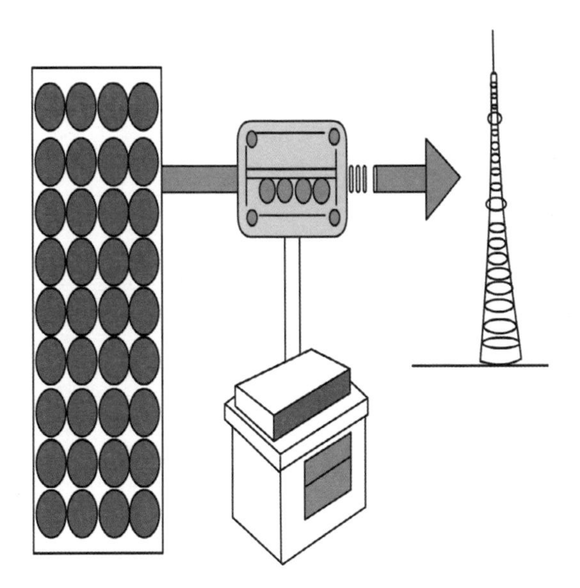

野外勘测、气象台站、地震观测及长距离微波通信等，都可利用太阳能电池供电。

由太阳能电池提供电力带动水泵工作，目前国际上正越来越多的采用此种方式提水。光电水泵在阳光照射下运行，没有阳光时停止。灌溉农田、生活用水均可以采用光电水泵。

太阳能电池还可以用在黑光灯上。黑光灯是一种类似于日光灯管的器件，它发出的波长最能引诱虫蛾，使虫蛾向灯光扑来，然后用高压电击法或者水淹法将虫蛾杀死。

现在电视广告上在宣传有的手机可以用太阳能电池充电，但是目前这种应用还是十分有限的。

17. 太阳能光伏发电系统的应用形式

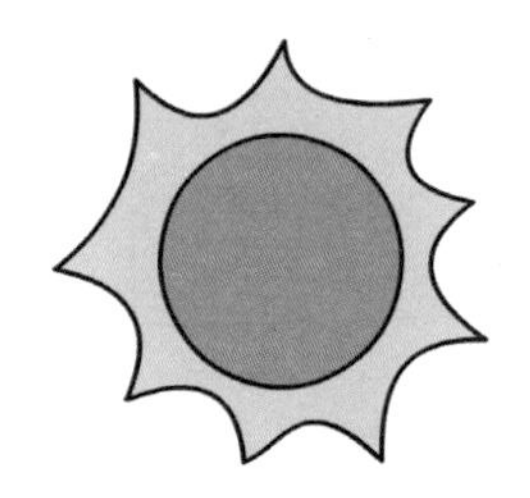

光伏发电系统是由光伏电池板、控制器和电能储存及变换环节构成的发电与电能变换系统。太阳能光伏发电系统包括独立光伏发电系统和并网光伏发电系统。

独立光伏发电系统由光伏电池阵列、充电控制器、蓄电池组及正弦波逆变器等组成，其工作原理是：光伏电池把接收到的太阳辐射能量直接转换成电能供给直流负载或者通过正弦波逆变器变换成交流电供给交流负载，且将多余能量经过充电控制器后以化学能形式存在蓄电池中，在日照不足时，存储在蓄电池中的能量经过变换后供给负载。

光伏独立发电系统主要解决偏远的无电地区与特殊领域的供电问题，并且以户用以及村庄用的中小系统居多。

并网光伏发电系统主要由三大部分组成：光伏阵列，变换器与控制器等电力电子设备，蓄电池或者其他储能及辅助发电设备。

并网光伏发电系统适用于独立节能别墅、公寓房等，白天发电产生电能卖给公用电网，晚上从公用电网买电，通过享受卖电与买电间的差价，以得到更加合理的建造成本优势。

18. 太阳能光伏发电技术的无穷魅力

老兄，我对于太阳能光伏发电技术还不是十分熟悉，能举例说说它的主要应用吗？
既然你这么虚心好学，当然没有问题了。

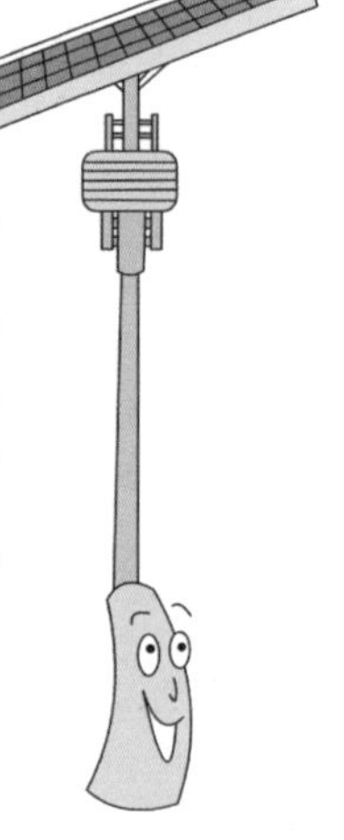

太阳能光伏发电技术可以用在太阳能路灯上。常见的太阳能灯还包括太阳能草坪灯、太阳能航标灯及太阳能交通警示灯等。

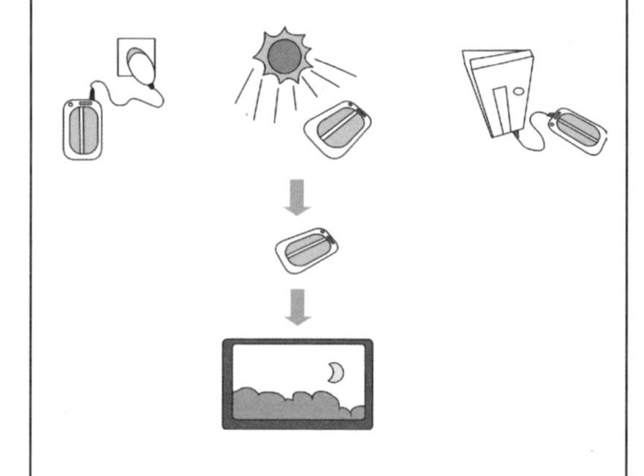

太阳能光伏电源系统在工业领域最为成熟的应用体现在通信领域。太阳能发电应用于无人值守的微波中继站、光缆维护站、农村载波电话光伏系统、小型通信机及士兵GPS供电等。

太阳能汽车通过太阳电池发电装置为直接驱动动力或者以蓄电池储存电能再驱动汽车，适用于城市或者乡村交通代步工具或者小批量的货运工具，或作为公园广场等地点的旅游观光工具。

光伏电站是太阳能光电应用的主要形式，在我国西部的无电地区，相当大程度上依赖光伏电站提供电能。光伏电站的大小一般在几千瓦到 1MW 以上，具有安装灵活、快速，运行可靠控制方便等优点。

第三章　低调深邃的地热能

1. 扒一扒，地热资源的种类

老兄，除了太阳能外，我听说最近地热能很火，你知道它的具体情况吗？
嘿嘿，我最近正好了解了一下，下面就先从地热资源的分类说起吧。

地热能是由地壳抽取的天然热能，这种能量来自于地球内部的熔岩，是引爆火山与地震的能量。

地热资源分为水热型、地压地热型、干热岩型及岩浆型。其中，水热型又分为蒸汽型和热水型。

哦，主要以蒸汽为主啊！

蒸汽型是指地下以蒸汽为主的对流系统的地热资源，以温度比较高的过热蒸汽为主，杂有少量其他气体，水很少或者没有。

热水型是指热储中以水为主的对流系统的地热资源，包括低于当地气压下饱和温度的热水与温度等于饱和温度的湿蒸汽。这种类型主要以水为主。

哇，能量很大啊！

地压地热型是指蕴藏在含油气沉积盆地深处（3 000～6 000m），由机械能（高压）、热能（高温）及化学能组成的地热资源。

干热岩型是指地下一定深度2～3km，含水量少或者不含水，渗透性差而含有异常高热的地质体，含热量很大，曾估计1m³、350℃的热岩体冷却到150℃，可以产出相当于三亿桶石油的热量。

岩浆型是指在熔融状或者半熔融状炽热岩浆中蕴藏着的巨大能量资源，温度在600～1 500℃，一些火山地区的资源埋藏较浅，而多数埋藏于目前钻探技术还比较困难的地层中，因此开采难度比较大。

2. 目前可开发的地热田类型

嗯……
利用地热能的一个典型例子就是开发地热田，了解什么是地热田吗？

我知道了，温泉是不是属于热水田呢？
呵呵，老兄，你问的问题很有深度嘛，温泉属于热水田中的深循环型。

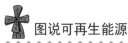

地热田是在目前技术条件下可采集的深度内，富含可经济开发和利用的地热流体的地域。目前可以开发的地热田有两种类型：热水田和蒸汽田，热水田又包括深循环型和特殊热源型两种。

大气降水落到地表后，在重力作用下，沿着土壤、岩石的缝隙，向地下渗透，成为地下水。地下水在岩石裂隙内流动的过程中，不断吸收周围岩石的热量，逐渐被加热成地下热水。渗流越深，水温就越高，地下水被加热后体积要膨胀，在下部强大的压力作用下，它们沿着另外的岩石缝隙向地表流动，成为浅埋藏的地下热水，如果露出地面，就成为温泉。

地下深处的高温灼热的岩浆，沿着断裂上升，如果岩浆冲出地表，就形成火山爆发；如果岩浆未冲出地表，而在上升通道中停留下来，就构成岩浆侵入体。这是一个特殊的高温热源，它能把渗透到地下的冷水加热到较高的温度，而成为热水田中的一种特殊类型。

目前世界上各国多开发热水田，但是其实蒸汽田的利用价值更高些。
哇，真是很长见识啊！

蒸汽田内由水蒸气与高温热水组成，它的形成条件是：热储水层的上覆盖层透水性非常差，并且没有裂隙。这样，由于盖层的隔水、隔热作用，盖层下面的储水层在长期受热的条件下，就会聚集成为具有一定压力、温度的大量蒸汽和热水的蒸汽田。

3. 挖一挖，地球上环球性的地热带有哪些

老兄，你之前对气候带的划分很了解，那你知道怎么划分地热带吗？
这个嘛！好像没你了解。
环太平洋
大西洋
地中海

目前地球上共分为四个主要的地热带，分别是环太平洋地热带、地中海—喜马拉雅地热带、大西洋中脊地热带以及红海—亚丁湾—东非裂谷地热带。

环太平洋地热带是世界上最大的太平洋板块与美洲、欧亚、印度板块的碰撞边界。世界上许多著名地热田均在这一带。比如我国台湾地区的马槽，日本的松川、大岳等。

地中海—喜马拉雅地热带是欧亚板块与非洲板块和印度板块的碰撞边界。世界上第一座地热发电站意大利的拉德瑞罗地热田就位于这个地热带。我国的西藏羊八井与云南腾冲地热田就在这个地热带中。

大西洋中脊地热带是大西洋海洋板块开裂部位。冰岛的克拉弗拉、纳马菲亚尔及亚速尔群岛等一些地热田位于这个地热带。

红海—亚丁湾—东非裂谷地热带包括吉布提、埃塞俄比亚与肯尼亚等国的地热田。我国东部的胶辽半岛，华北平原及东南沿海等地属于这个地热带。

念青唐古拉山

冷水

热水

热源

看来，地球上的地热资源分布得很不平衡呀！

4. 我国地热资源的“居住地”

既然已经说到地热带的划分情况，我们就再说说我国地热资源的分布情况吧。
嘿嘿，好啊，洗耳恭听。

藏滇地热带的水热活动很强烈，地热显示集中，是我国大陆上地热资源潜力最大的地带。
藏滇地热带

我国地热资源的特点是类型众多，按分布特点主要划分为六个地热带。

藏滇地热带：包括冈底斯山、念青唐古拉山以南，尤其是沿雅鲁藏布江流域，东至怒江与澜沧江，呈弧形向南转入云南腾冲火山区。

东南沿海地热带：包括福建、广东、浙江、江西与湖南的一部分地区。当地已经有大量地热水露台，其分布受北东向断裂构造的控制，通常为中低温地热水。

山东—安徽庐江断裂地热带：这条地壳断裂很深，至今仍有活动，初步分析该断裂的深部有较高的地热水存在，目前有些地方已经有低温热泉出现。

川滇南北向地热带：主要分布在昆明到康定一线的南北向狭长地带，以低温热水型资源为主。

祁吕弧形地热带：包括河北、山西、汾渭谷地、秦岭以及祁连山等地，甚至向东北延伸到辽南一带。该区域有的是近代地震活动带，有的是历史性温泉出露地，主要地热资源是低温热水。

热田面积 50km²
以上

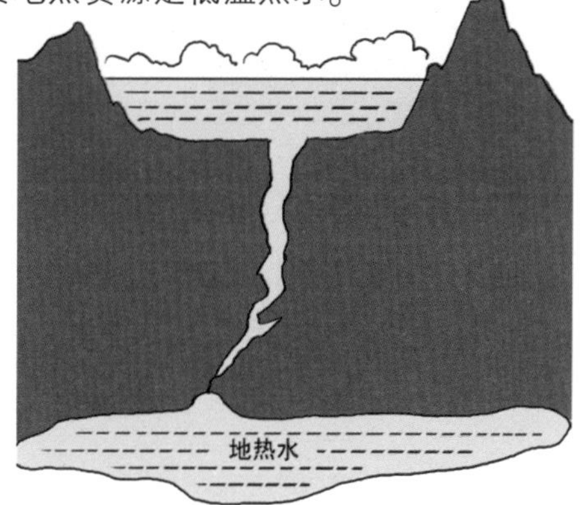
地热水

中国台湾地热带：中国台湾地区地震十分强烈，地热资源十分丰富，主要集中在东、西两条强烈集中发生区。北部大屯复式火山区是一个大的地热田，自 1965 年以来已经有 13 个气孔和热泉区，热田面积 $50km^2$ 以上。

地热资源
丰
这么说来，我国的地热资源还是很丰富啊！
是啊，不过我们一定要注意合理开发利用才行。

5. 扒一扒，地源热泵的种类

身份证
地热泵
地
源
热
泵
资
源

地源热泵？

地源热泵是一种利用地下浅层地热资源的既可供热又可制冷的高效节能空调系统。

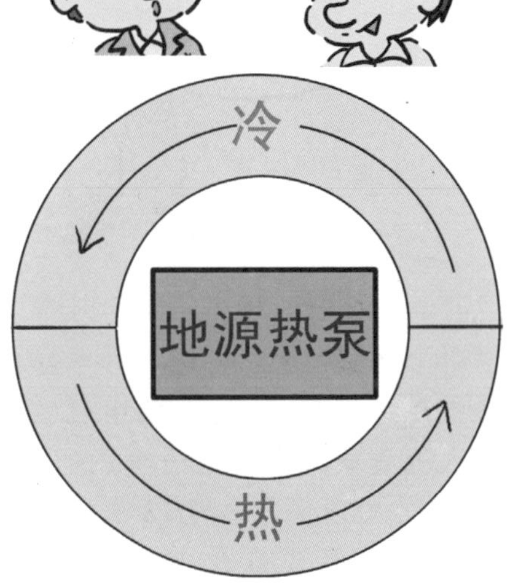
冷
地源热泵
热

地源热泵在我国也被称为地热泵，主要包括土壤源热泵、地下水热泵系统、地表水热泵系统、污水源热泵系统及海水源热泵系统。

地下水热泵系统的优势是造价比土壤源热泵系统低，另外水井很紧凑，不占太多场地，技术也相对比较成熟，水井承包商容易找。这种系统目前在民用建筑中已很少使用，主要应用在商业建筑中。

地表水热泵系统具有造价低、泵能耗低、维修率低及运行费用少等优点。但是，在公用河水中的设备容易受到损害。

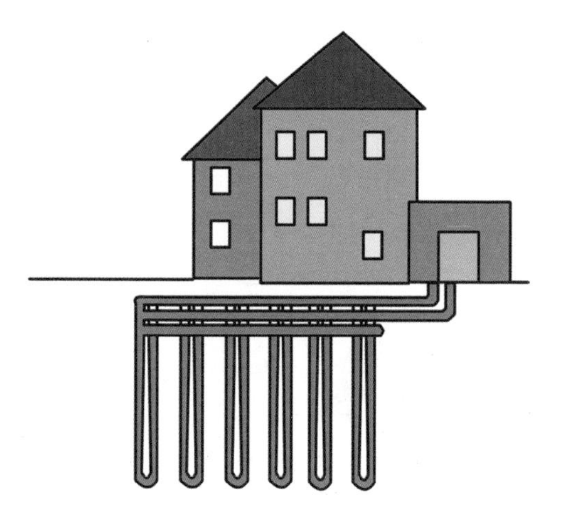

土壤源热泵以大地作为热源与热汇，其换热器埋于地下，与大地进行冷热交换。

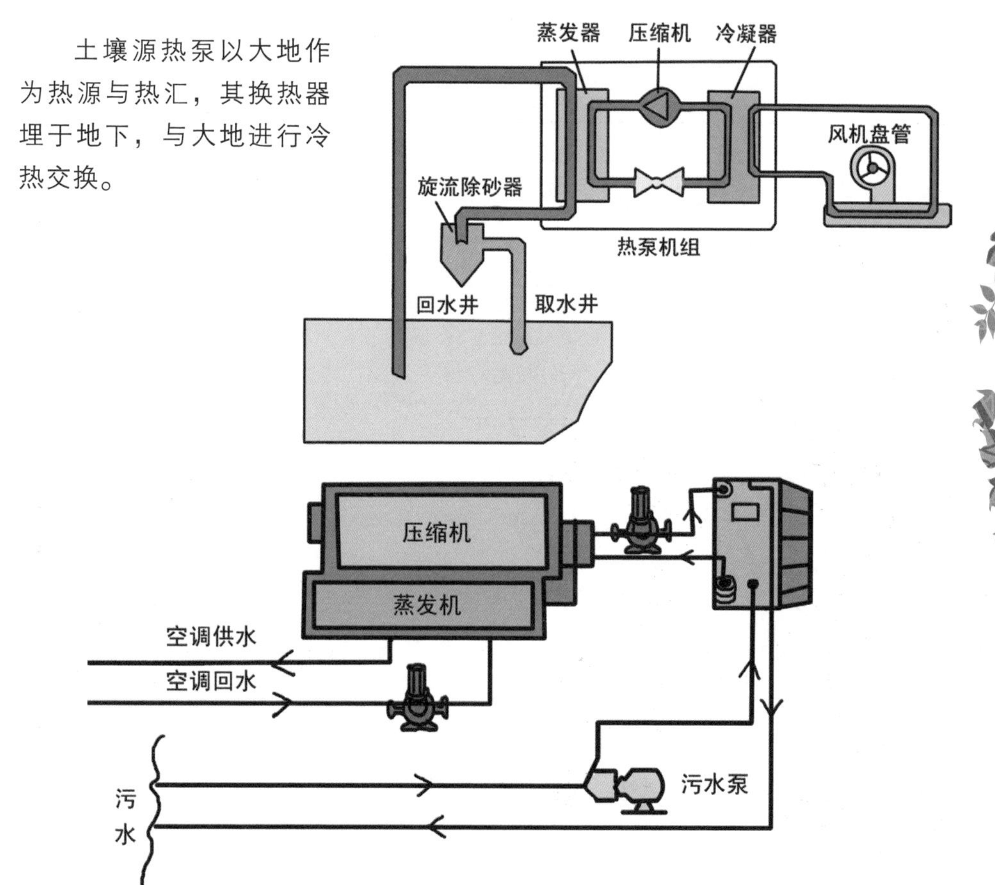
蒸发器
压缩机
冷凝器
风机盘管
旋流除砂器
热泵机组
回水井
取水井
压缩机
蒸发机
空调供水
空调回水
污水泵
污
水

污水源热泵系统主要是以城市污水作为提取和储存能量的冷热源，借助热泵机组系统内部制冷剂的物态循环变化，消耗少量的电能，从而达到制冷制暖效果的一种创新技术。污水源热泵系统的投资较低，而且运行费用也很低。

海水源热泵是利用地球表面浅层水源（海水）吸收的太阳能和地热能而形成的低温低位热能资源，并采用热泵原理，通过少量的高位电能输入，实现低位热能向高位热能转移的一种技术。

海水源热泵系统最大优势在于对资源的高效利用，且热效率高，不对海水造成污染。

6. 地源热泵高高在上的优越感

我们了解了地源热泵的类型，再看看它都有哪些优点吧。
作为可再生能源，它应该具有节能、高效的特点。
地源热泵
空气源热泵
电供暖

地源热泵能比电锅炉加热节省 2/3 以上的电能，比燃料锅炉节省 1/2 以上的能量，与传统的空气源热泵相比，能效可高出 40% 以上。地源热泵的污染物排放，与空气源热泵相比，相当于减少 40% 以上，与电供暖相比，相当于减少 70% 以上。

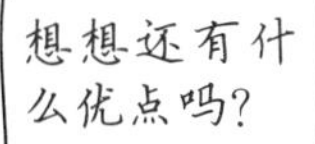
想想还有什么优点吗?

对了，既然它具有高效节能特点，那么它的运行费用就应该很低。

地源热泵可以比其他各种采暖和制冷设备节能30%～70%，使用寿命在50年以上，折旧费和维修费也都大大低于传统空调。

另外它用途广泛，可以用于新建工程或扩建、改建工程，可逐步分期施工，热泵机组可以灵活地安置在任何地方，节约空间，没有储煤、储油罐等卫生以及安全隐患。

7. 温泉是怎么长成的

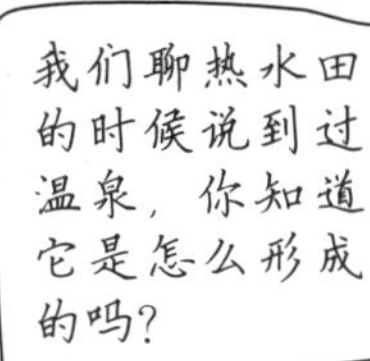
我们聊热水田的时候说到过温泉，你知道它是怎么形成的吗?

呃……

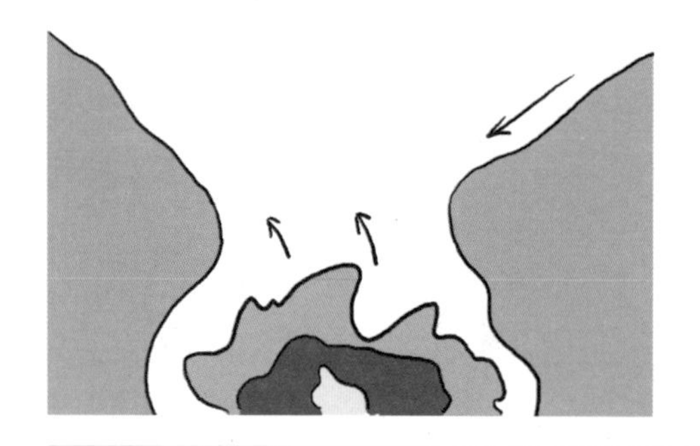

从形成类型看，一种为地壳内部的岩浆作用所形成，或者为火山喷发所伴随产生，火山活动过的死火山地形区，因地壳板块运动隆起的地表，其地底下还有未冷却的岩浆，都会不断地释放出大量的热能。

这类热源的热量集中，因此只要附近有孔隙的含水岩层，就会受热成为高温的热水，而且大部分会沸腾成蒸汽，多为硫酸盐泉。

一种是受地表水渗透循环作用形成。当雨水降到地表向下渗透，深入到地壳深处的含水层后形成地下水，地下水受下方的地热加热成热水，当热水温度升高，上面若有致密、不透水的岩层阻挡去路，会使压力越来越高，以致热水、蒸汽处于高压状态，一有裂缝即窜涌而上。

热水上升后越接近地表压力则逐渐减少，上升的热水与下沉较迟受热的冷水因其密度不同所产生的压力反复循环产生对流，在开放性裂隙阻力比较小的情况下，循裂隙上升，涌出地表，流出地面，形成温泉。

哦，原来是这么形成的，那温泉的形成需要什么条件吗？
这个当然需要，条件主要有三个。

第一，地下必须要有热水存在；
第二，必须要有静水压力差导致热水上涌；
第三，岩石中必须要有深长裂隙供热水通达地面。
还是老兄你知识丰富啊，小弟只能佩服，佩服。
喂，你再说佩服我可就不好意思了。

8. 扒一扒，温泉的种类

温泉的种类有很多，并且有不同的分类方式，可以按温度分，按成分分，按形态分。下面具体介绍一下。

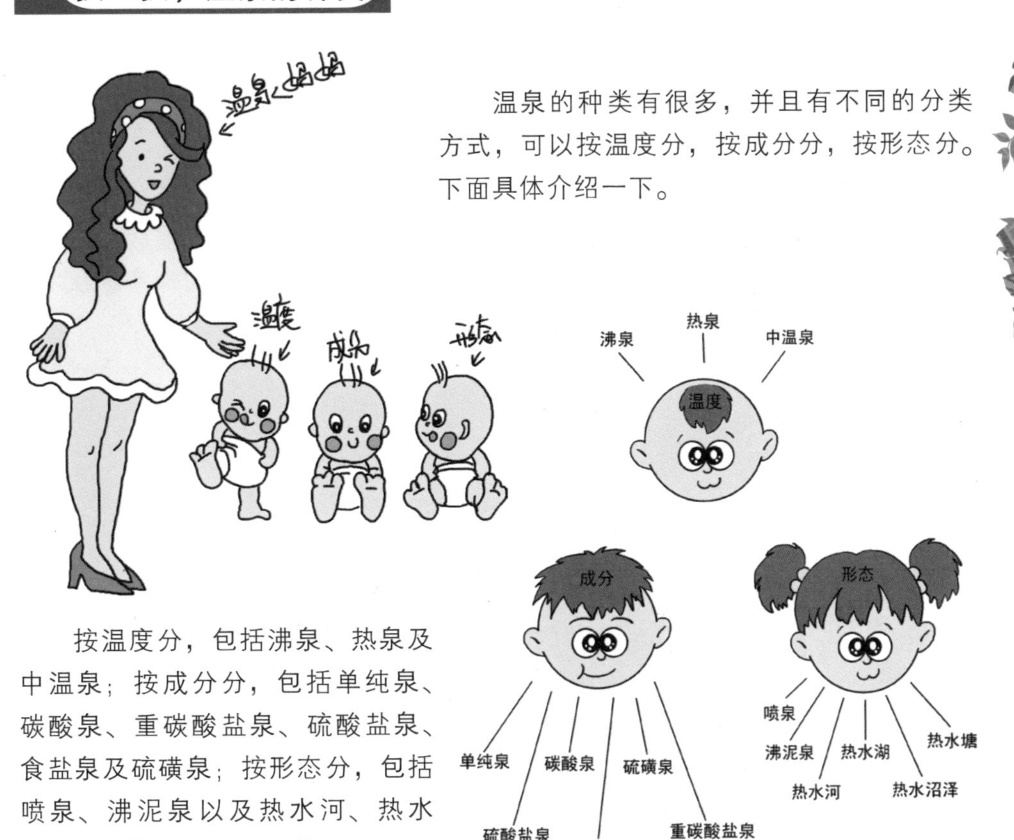

温泉妈妈
温度
成分
形态
沸泉
热泉
中温泉
温度
成分
单纯泉
碳酸泉
硫磺泉
硫酸盐泉
食盐泉
重碳酸盐泉
形态
喷泉
沸泥泉
热水湖
热水塘
热水河
热水沼泽

按温度分，包括沸泉、热泉及中温泉；按成分分，包括单纯泉、碳酸泉、重碳酸盐泉、硫酸盐泉、食盐泉及硫磺泉；按形态分，包括喷泉、沸泥泉以及热水河、热水湖、热水塘、热水沼泽等。

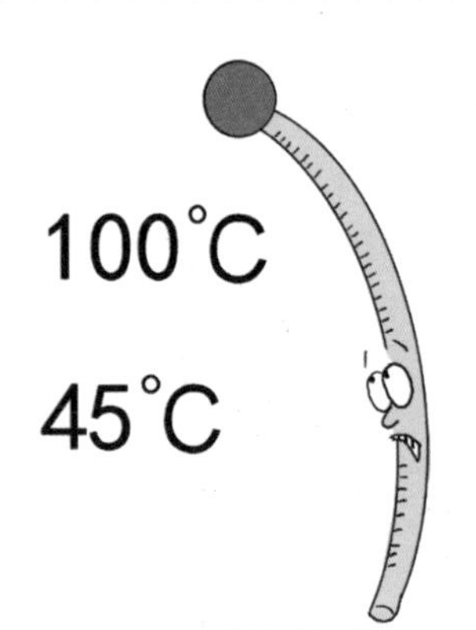
100℃
45℃

沸泉的泉水温度等于或者高于当地水的沸点，海拔高的地区，水的沸点低于100℃，一般地区水的沸点是100℃。

热泉的泉水温度在沸点以下，45℃以上。

单纯泉的水温多在25℃以上，水中所含矿物质较少，每升水中含有各种矿物质的总量低于100mg。

碳酸泉是指在1L水中含游离二氧化碳达到750mg的泉水。我国大地上碳酸泉很多。

重碳酸盐泉的每升水中含重碳酸盐达1 000mg以上。

碳酸泉是指在1L水中含游离二氧化碳达到750mg的泉水。

喷泉是指水、气以喷射的方式冲出地面，喷出高度由几米到十几米以上。

沸泥泉是指由于高温热流将通道周围的岩石蚀变成黏土，然后与水汽一起涌出地面而形成的一种高温泥水泉。

热水河、热水湖、热水塘、热水沼泽实际上均是由众多密集的泉眼涌出大量泉水后汇集而成的，这在我国的西藏比较多见。

原来温泉有这么多的种类，我真是不断长见识啊。
对啊，而且温泉还有很多用途呢。

9. 温泉治病，自有妙招

赶快给我说说温泉都有什么用途吧，好想知道啊。
别急，它的用途很多，我们就先从治病这个角度了解一下。

这种治病方法不错，很享受啊！
嘿嘿，我也颇有同感啊。

浴疗是温泉治病常用的方法。根据病人的病情、体质状况，采用不同温度的泉水进行浸浴与淋浴。

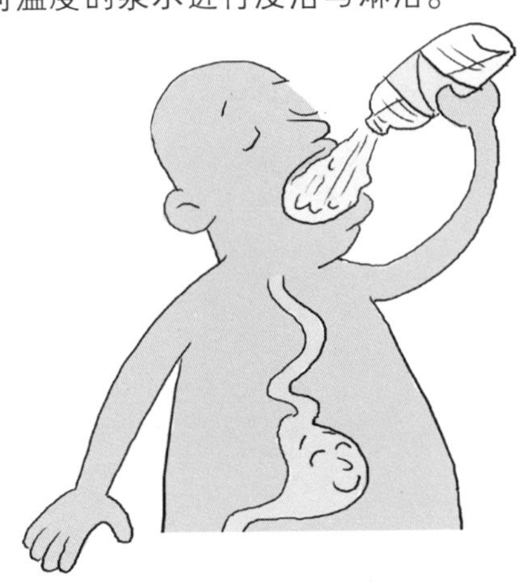

肠道病人常用饮疗的方法。饮用含有不同化学成分的泉水，通过泉水的刺激与渗透压的作用消除炎症，改善呼吸系统及消化系统的功能，促进新陈代谢。

这种方法也
不错，方便
又简单。
饮些泉水就可
以缓解病痛，
的确不错。

我国云南腾冲疗养院首创了蒸疗的方法。利用喷气泉喷出的热气，对病人进行以蒸为主、蒸洗相结合的治疗。

还可以采用拔罐的方法。将蒸汽充入罐子内，然后迅速扣到病人的疼处或者某个穴位上，罐内热气冷却收缩以后，罐子就紧紧吸在皮肤上。这种方法与拔火罐很类似。

有些温泉附近的沙土、泥土，具有一定的温度或者是含有一定的矿物质，加上沙土本身的压力，具有刺激性，可以治疗许多疾病。

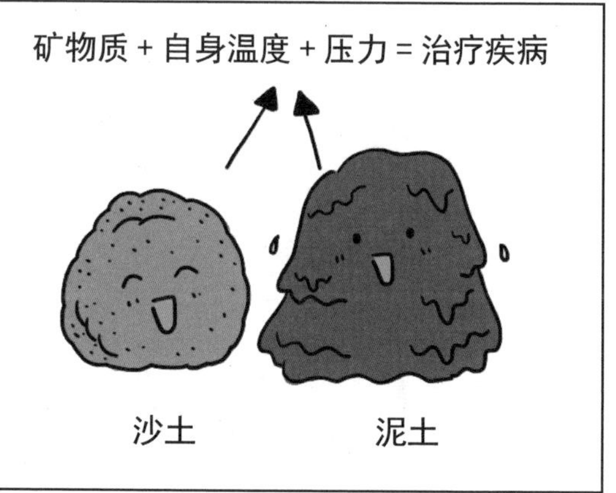
矿物质 + 自身温度 + 压力 = 治疗疾病
沙土
泥土

我们可以用吸入器把温泉水喷射成雾状，病人将口、鼻对准喷雾器做深呼吸。这种疗法多利用硫化氢温泉，对慢性气管炎疗效较好。另外，也可以把泉水灌入肠内，主要治肠道炎一类的病症。

温泉真是太神奇了，天然的疗养院啊！
温泉医疗能健身防老、延年益寿，被很多国家看好。

10. 地热水对于工农业发展的作用

地
热
水

地热水的利用形式很多，除了我们熟知的温泉外，其对于工农业的发展也起着重要的作用。

在我国，地热水在农业上应用很早。用地热水浸种、育秧、保苗，可以使作物的成熟期缩短，提前收获。

在南方，用地热水育秧能够避免春寒的袭击，可促进早稻增产。

利用地热水进行农业种植灌溉，可以起到明显的增产效果。

我还知道一些低温地热水可以作为饮用天然矿泉水开发利用。
矿泉水

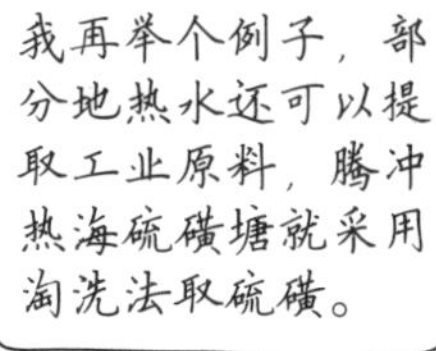
我再举个例子，部分地热水还可以提取工业原料，腾冲热海硫磺塘就采用淘洗法取硫磺。

全国水产养殖的耗水量约占地热水总用水量的5.7%，主要养殖罗非鱼、鳗鱼、甲鱼、青虾、牛蛙、观赏鱼等，以及鱼苗越冬。

11. 地热利用的模式

地热利用分为冰岛模式和大陆模式。
冰岛模式?

冰岛的地热资源十分丰富，从1928年起他们就开采地热，现在冰岛人口中大约有1/2依赖于首都的地热水供应系统。冰岛当地的地热发电能力为500MW，相当于一个大型的火力发电厂，每年可供电约为30亿kW·h时。

冰岛为什么地热资源这么丰富呢？
这主要是因为它位于大西洋中脊上的一个岩浆喷发热点上，火山喷发十分活跃。

冰岛不愧是冰火之国啊，那什么是大陆模式呢？
冰岛的国土只有10多万平方千米，但是却有30座火山，每5年就会有一次较大规模的火山爆发。

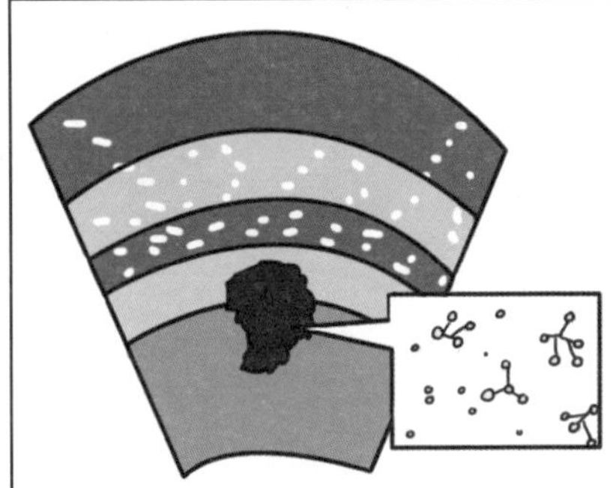

干热岩是地热能的一种新类型，是指储存在地球深部岩层中的天然热量。它的特点是埋藏深，在地下2 000～3 000m或者更深，温度高，含水少，不易把热能提取出来。20世纪70年代，美国洛斯阿拉莫斯国家实验室的研究人员，首先采用人工钻井、压裂与注水的方法，打造了一个与天然水热系统相同的人造地热储，通过这种方式获得地下热水。

哦，原来这就是大陆模式啊！

12. 地热发电的方式

要想充分利用地热能，我们就要想办法将它从地下带到地面上来。
这，怎么带啊？

嘿嘿，也不是很困难，我们可以用地热能来发电，这样地热能不就被带到地面上为人类所用的嘛！

HOT

地热发电的方式很多，主要包括地热蒸汽发电、地热水发电、地压地热发电以及干热岩地热发电。地热蒸汽发电利用地热蒸汽推动汽轮机运转，产生电能，包括地热干蒸汽发电与地热湿蒸汽发电两种形式。该系统技术成熟、运行安全可靠，是地热发电的主要形式。

地下热水发电包括两种方式。一种是直接利用地下热水所产生的蒸汽进入汽轮机工作，叫做闪蒸地热发电系统。另一种是利用地下热水来加热某种低沸点工质，使其产生的蒸汽进入汽轮机工作，叫做双循环地热发电系统。

地下
热水

盖层负荷
地压
地热

地压地热指埋深在 3km 以下的第三纪碎屑沉积物中的孔隙水，由于热储上面有盖层负荷，因而地热水具有十分高的压力，此外还具有较高温度和饱含着天然气。

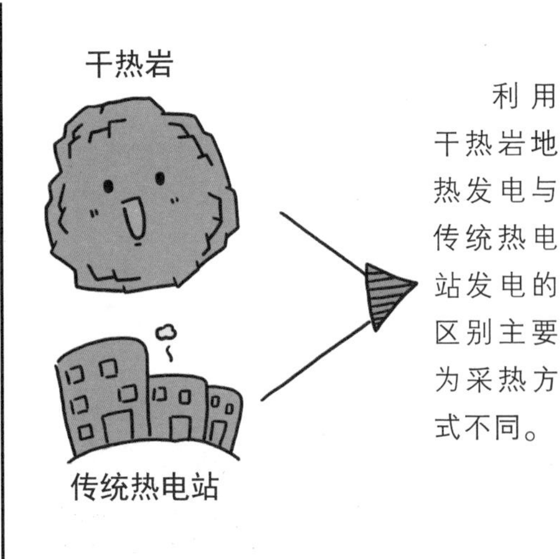
干热岩
传统热电站

利用干热岩地热发电与传统热电站发电的区别主要为采热方式不同。

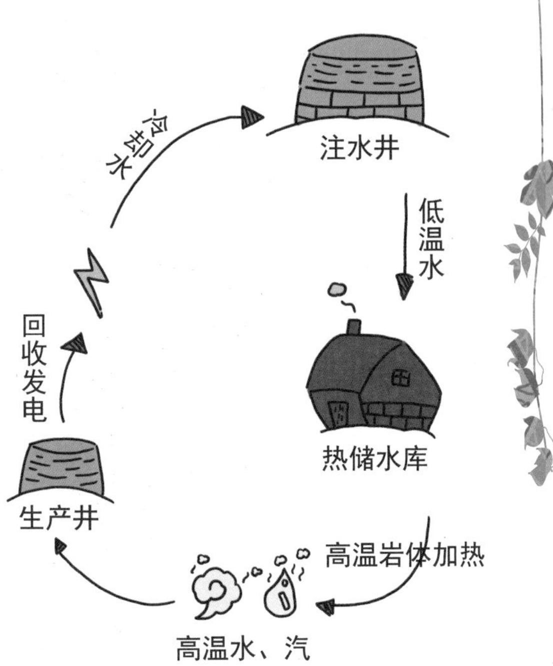
冷却水
注水井
低温水
热储水库
高温岩体加热
高温水、汽
生产井
回收发电

注水井把低温水输入热储水库中，经高温岩体加热后，在临界状态下以高温水、汽的形式通过生产井回收发电。发电后把冷却水排至注水井中，反复利用。在此闭合回流系统中不排放废水、废物及废气，对环境没有影响。

老兄，这次的内容好像有点儿多，容我慢慢消化一下。

没关系，慢慢来嘛。

第四章　绿色健康的生物质能

1. 扒一扒，生物质能的分类

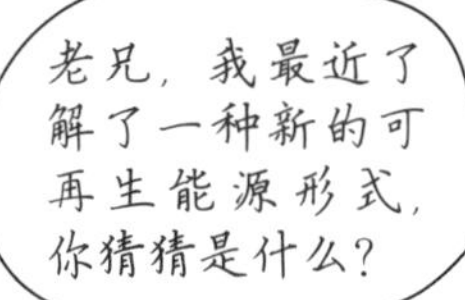
老兄，我最近了解了一种新的可再生能源形式，你猜猜是什么？

我猜是生物质能。

喂，你究竟是猜的还是蒙的？不过答案正确。
呵呵，因为我最近正在研究生物质能。

生物质能是太阳能以化学能形式储存在生物质中的能量形式。生物质是指通过光合作用而形成的各种有机体，包括所有的动植物和微生物。

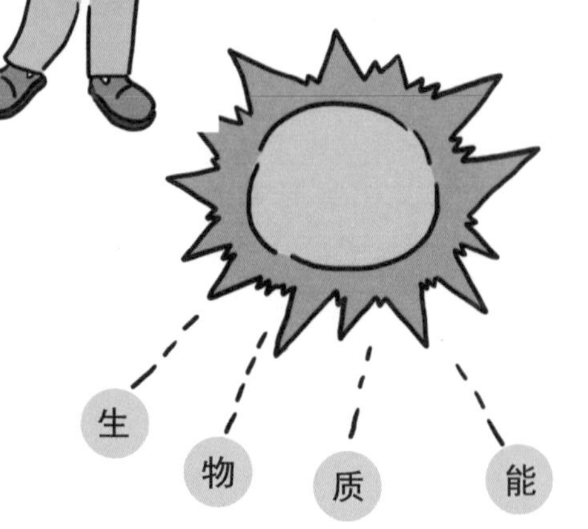
生
物
质
能

我们一同来说说生物质能的种类吧。
嗯，好的。

城市垃圾：生活和商业垃圾，全球每年排放约为 100 亿吨。

有机废水：工业废水和生活污水，全球每年排放约为 4 500 亿吨。

粪便类：牲畜、家禽、人的粪便等，全球每年排放数在百亿吨以上。

林业生物质

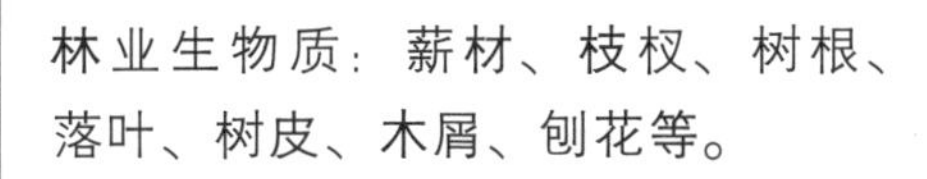

林业生物质：薪材、枝杈、树根、落叶、树皮、木屑、刨花等。

农业废弃物

农业废弃物：秸秆、果壳、果核、甜菜渣、玉米芯、蔗渣等。

水生植物

水生植物：藻类、海草、浮萍、芦苇、水葫芦、水风信子等。

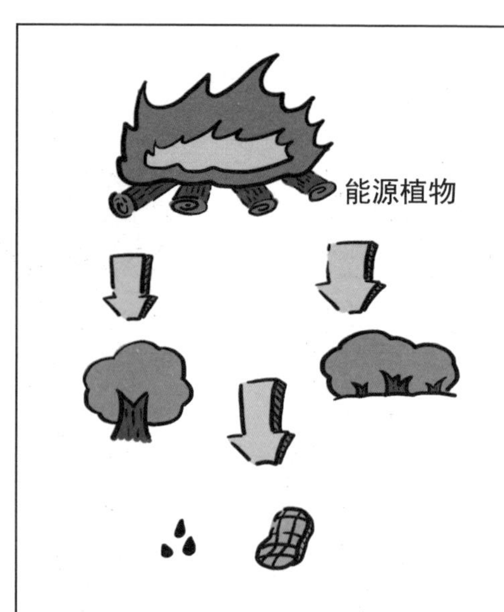
能源植物

能源植物：生长迅速，轮伐期短的乔木、灌木和草本植物，如棉籽、芝麻、花生等。

这么一看，生物质能的种类真的很多呀。
对，生活中无处不在啊！

2. 生物质能的“个性特征”

既然你多少了解点儿生物质能，说说它有什么特点吧。

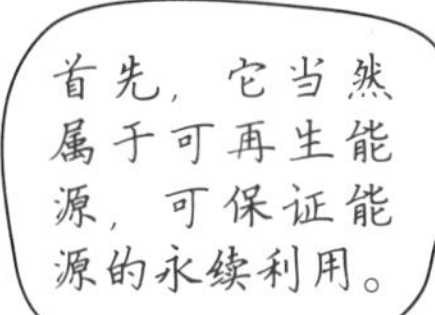
首先，它当然属于可再生能源，可保证能源的永续利用。

生物质能由于通过植物的光合作用可再生，与风能、太阳能等同属于可再生能源，资源丰富。

据统计，全球可再生能源资源可转换成二次能源约185.55亿吨标准煤，相当于全球油、气与煤等化石燃料年消费量的2倍，其中生物质能占35%，位居首位。

它的种类多而分布广，便于就地利用，利用形式多样。

or

利用农作物或者其他植物中所含糖、淀粉和纤维素制造燃料乙醇，利用含油种子与废食用油制造生物柴油作为汽车燃油。

利用人类、生畜粪便发酵生产沼气；利用生活垃圾中的有机物制造固形燃料，或者经发酵生产沼气。

相关技术已经成熟，可储存性好。

利用薪材与作物秸秆直燃历史悠久，通过发酵生产沼气用于炊事与照明在农村很普遍。

与太阳能、风能相比较，生物质能突出的优点是可以储存。且生物质能节能、环保效果好。

生物质能
替代

生物质能代替化石燃料，不仅可以永续利用，而且环保和生态效果突出，对改善大气酸雨环境，减少大气中二氧化碳的含量，从而减轻温室效应均有极大的好处。

燃料

3. 生物质能利用的主要技术

有些生物质能可以直接利用，但有些生物质能只有经过相应的转化才可利用。
怎么转化呢？

生物质能源转换技术主要包括化学转换、物理转换和生物转换。

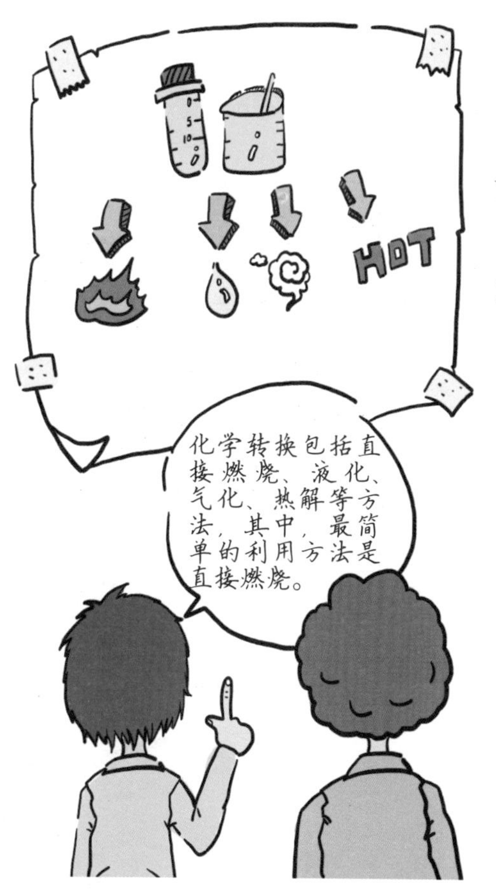
HOT
化学转换包括直接燃烧、液化、气化、热解等方法，其中，最简单的利用方法是直接燃烧。

但是直接燃烧烟尘很大，容易污染环境啊。
对，而且它的热效率很低，能源浪费很大，所以一般只在农村使用这种方法。
农

生物质热解技术主要指生物质压制成型技术。将农林剩余物进行粉碎烘干分级处理，放入成型挤压机，在一定的温度和压力下形成较高密度的固体燃料。

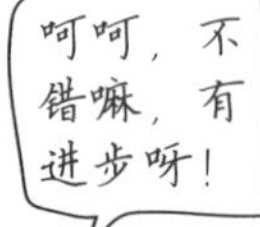
呵呵，不错嘛，有进步呀！

我知道，这种技术肯定属于物理转换，因为没发生什么化学变化嘛。

这种方法使用专用的技术和设备，在农村有很大的推广价值。

农村

生物转换技术主要是利用生物质厌氧发酵生成沼气（一种可燃的混合气体，其中 CH_4 占 55% ～ 70%，CO_2 占 25% ～ 40%）和在微生物作用下生成乙醇等能源产品。

生物质
微生物

4. 追本溯源——生物质成型技术原理

呵呵，老兄，再跟我说说生物质能的利用技术吧，我突然很感兴趣。
生物质成型技术
好吧，既然你这么好学，我就勉为其难，给你介绍一下物理转换中的生物质成型技术吧。
成型技术吗？快，快说具体点儿吧！
我们首先得明白生物质固化成型的原理。
生物质能固化成型原理

各种农林废弃物主要由纤维素、半纤维素与木质素组成。

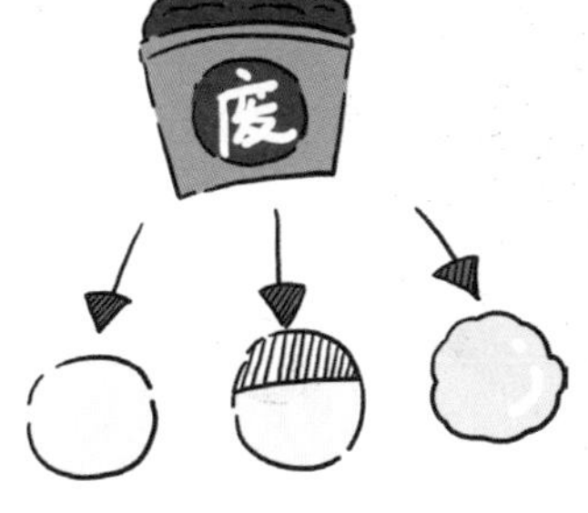
废

纤维素我是听说过，可木质素是什么啊？
它是高分子物质，在植物中的含量为15%～30%。

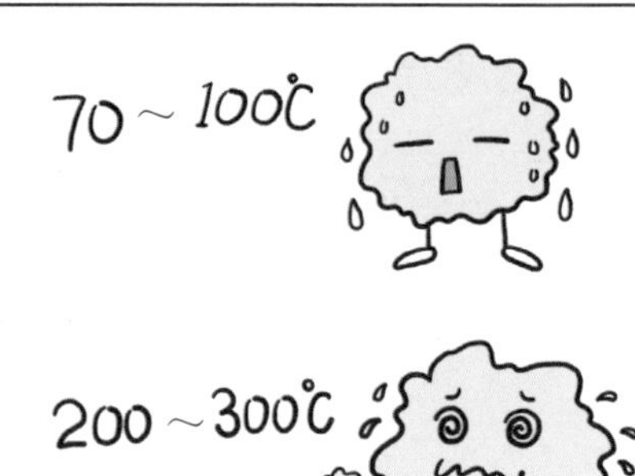
70～100℃
200～300℃

木质素不是晶体，因而没有熔点，但是有软化点，当温度达到70～100℃时开始软化且有一定黏度；当温度达到200～300℃时呈熔融状、黏度高，这时若施加一定的外力，可使它与纤维素紧密粘接，使植物体体积大幅度减小，密度显著增加。

你最近的问题好像都很犀利嘛！
可是如果这时施加的外力没有了，会发生什么情况？

纤
维
分
子

其实，即使外力取消，由于非弹性的纤维分子间相互缠绕，使其仍能保持给定形状。冷却后强度就会增加，从而成为成型燃料。

5. 扒一扒，压缩机的种类

生物质压缩成型过程是利用成型机来完成的，目前，国内使用的成型机包括螺旋挤压式成型机、活塞冲压式成型机及压辊式成型机。

唉，一说到什么机器啊、设备啊我就头疼，感觉很难懂啊！
老兄，别气馁啊，加油，慢慢理解。

螺旋挤压式成型机：被粉碎的生物质连续不断地送入压缩成型筒以后，转动的螺旋推进器也不断地把原料推向锥形成型筒的前端，挤压成型后送入保型筒，因此其生产过程是连续的，质量比较均匀。

螺旋挤压式成型机的设计比较简单，重量也较轻，运行平稳，但动力消耗比较大，单位产品能耗较高，也比较容易受原材料和灰尘的污染。

活塞冲压式成型机：原料经过粉碎后，通过机械或者风力形式送入预压室，当活塞后退时，预压块送入压缩筒，活塞前进时将原材料压紧成型，然后送入保型筒。

活塞冲压式成型机的缺点是间断冲击，有不平衡现象，产品不适宜炭化，虽允许生物质含水分量有一定的变化幅度，但质量也有高低的反复。

压辊式成型机基本工作部分由压辊与压模组成，其中压辊可以绕轴转动。压辊的外圈加工齿或者槽用于压紧原料不至于打滑。原料进入压辊与压模之间，在压辊的作用下被压入成型孔内，从成型孔内压出的原料就变成圆柱形或者棱柱形，最后用切刀切成颗粒状成型燃料。

呵呵，好像还可以。
怎么样，也不是很难理解吧？

6. 生物质成型技术存在的问题及其发展趋势

我国自20世纪80年代开始引进生物成型技术，现已初具规模。但是，其在推广应用中还是会存在一系列问题。
所以，针对相应的问题，我们也应该有相应的应对思路。
没错，首先，成型机机组的可靠性差，易损件，使用寿命短，维修与更换不便。
那我们可以在原理与机理上进行突破，研制新一代的生物质成型机。
呵呵，我可是时时刻刻向你取经呀！
老兄，你头脑可比之前灵活多了！
因此，我们应提高生产率、降低能耗。
它的生产能力偏低，单位产品能耗较大。

粉碎
烘干
输送
生物质成型技术对原料的粒度与含水率要求较高，必须配套成具有粉碎、烘干、输送等功能的生产线，才能较为完善地解决这一问题。

成型燃料的包装和燃烧设备不配套，制约了商品化生产和成型燃料的推广应用。
因此，要加强生物质成型燃料燃烧理论及燃烧设备的研究。

而且，成型设备适用范围小，规范标准不统一，还未形成统一的理论体系。
这个嘛，我们就应该制定行业标准，开发先进产品，各类科研单位与生产企业应该联合起来，共谋发展。
行业标准

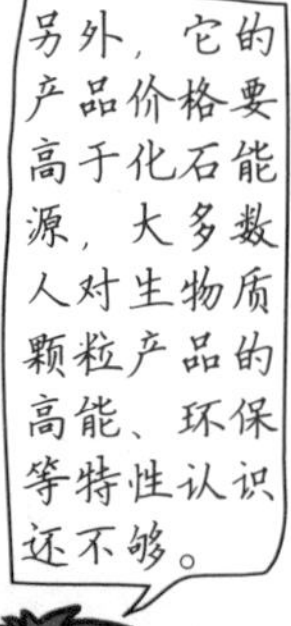
另外，它的产品价格要高于化石能源，大多数人对生物质颗粒产品的高能、环保等特性认识还不够。

对啊，我现在也是“半吊子”水平，所以一定要对生物质颗粒产品进行大力的宣传与推广。

7. 扒一扒，生物质型煤的种类

喂，老兄，听过生物质型煤吗？
咦，生物质型煤？难道又是新名词，它和普通煤有什么区别吗？

压缩

生物质型煤是指破碎到一定粒度和干燥到一定程度的煤及可燃生物质，按一定比例掺混，加入固硫剂，经高压成型机压制而成。

哦，原来这就是生物质型煤啊，它有很多种类吗？
根据生物质成型处理的不同，主要分为三种。

水解木质素

纤维素

半纤维素

碳氢化合物

一种是生物质制浆后的黑液，例如纸浆废液作为成型黏结添加剂。

一种是生物质水解产物，例如，水解木质素、纤维素、半纤维素及碳氢化合物等作为成型黏结添加剂。

还有一种是什么？
还有一种是黏结剂生产型煤。

生物质直接与煤粉混合，利用受热或者高压压制成型或利用植物纤维和碱法草浆原生黑液、腐殖酸钠渣及糖浆等作复合黏结剂，然后用氢氧化钠处理稻草。

8. 生物质型煤的“个性特征”

既然它属于可再生能源，一定会有一些常规能源无法比拟的优点。

我们已经知道了生物质型煤的种类，就再了解一下它的特点吧！

生物质型煤燃烧时飞灰极少，燃烧充分，不冒黑烟，燃尽度高，能有效降低 CO_2 排放。

传统能源
看来它的环保性很强啊！
呵呵呵，对啊，一些传统能源该"自惭形秽"了。

型煤中由于掺杂了燃点较低的生物质，其着火性比煤好，着火点低，缩短了火力启动时间，不会造成灭火，有利于改善型煤着火性能。

生物质型煤配套工艺和设备齐全，我国拥有充裕的型煤成型及燃烧设备。

我国目前有 40 万～ 50 万台工业锅炉。这些锅炉 90% 以上属于层燃式，需要燃用块状燃料，但由于机采程度不断提高，块煤率越来越低。因此，生物质型煤具有广阔的市场前景。

生物质
取代

用生物质代替煤，降低了原材料的成本。由于燃烧充分，燃尽度高，因而降低了不完全燃烧所造成的浪费。

生物质型煤强度高，可实现集中方式生产型煤，这也是一个重要的特点。

9. 生物质型煤面临的无奈

唉，又应了那句老话啊，前途是光明的，道路是曲折的。

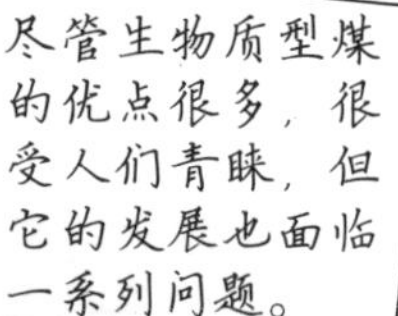
尽管生物质型煤的优点很多，很受人们青睐，但它的发展也面临一系列问题。

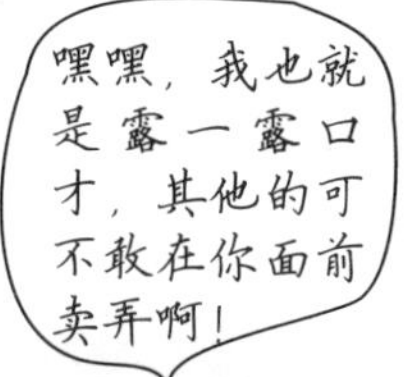
嘿嘿，我也就是露一露口才，其他的可不敢在你面前卖弄啊！

老兄，最近怎么觉得你的话变得文绉绉的呢。

尽管生物质资源量十分大，但由于生物质资源较分散，其体积与能量密度小，因此其运输、储存费用相对较高。

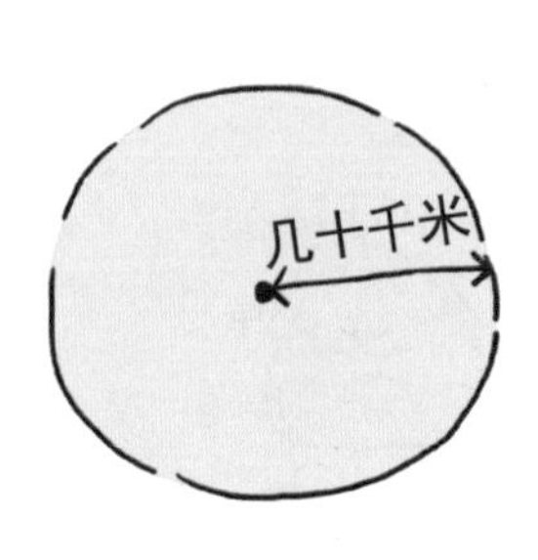
几十千米

它的利用半径通常为几十千米，这大大限制了大型电厂对它的有效利用，而适合于中小锅炉的应用。

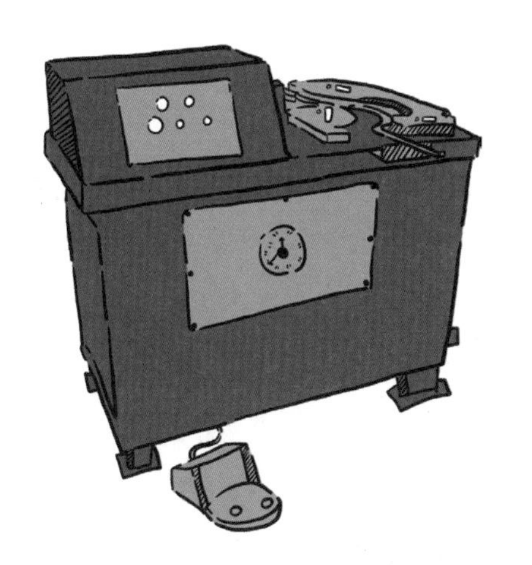

我国目前的成型机压力通常在49MPa以下，达不到生物质型煤高压成型的要求。国外（例如日本）的成型机采用强制螺旋进料，双轴液压调整，压力可以达196～294MPa。

哇，差距有点大啊！
是啊，而且高压成型设备价格昂贵，因此限制了生物质型煤的利用。

指导依据

虽然目前对生物质型煤的研究很多，内容也十分广泛，但对生物质型煤燃烧特性并没有一致的理论可作为工业生产应用的指导依据。

理论是实践的基础，只有建立了完善的理论体系，才能更好地指导实践呀！

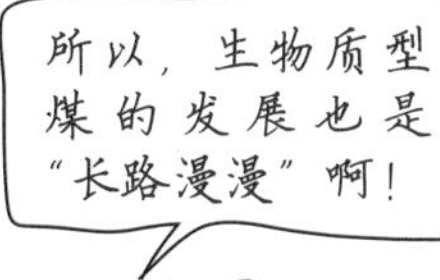
所以，生物质型煤的发展也是“长路漫漫”啊！

10. 生物质型煤技术的发展趋势

生物质型煤能节省能源，充分利用农林业废弃物，能明显减少对大气的污染，具有综合的经济、环境和社会效益。

让我们来看看它未来的发展趋势吧。

大力开发低成本、高固硫率及防潮抗水型适用于工业炉窑燃用的生物质型煤。

研究开发廉价、易推广的黏结剂，提高生物质型煤的抗水性；依据生物质具体性能对其进行生物化学预处理以提高其黏结能力。

人工智能
神经网络

通过应用人工智能、神经网络等先进技术对多种煤配比以及生物质配比的调整和配方的优化设计，把生物质型煤的灰分、水分、焦渣特征、热变形特性等调整到有利于燃烧的最佳值与大幅度降低生产成本，简化生产。改进和提高现有的生物质型煤成型技术及设备，实现整体技术及配套技术的规范化。

11. 沼气发酵主要包括的阶段

沼气我们已经提过很多次了，你知道它是怎么发酵的吗？
老兄，你这问题有点儿专业啊，我……还是你告诉我吧！

呵呵，难倒你了吧，沼气发酵主要包括液化、产酸及产甲烷三个阶段。
具体是怎么回事呢？
沼气池

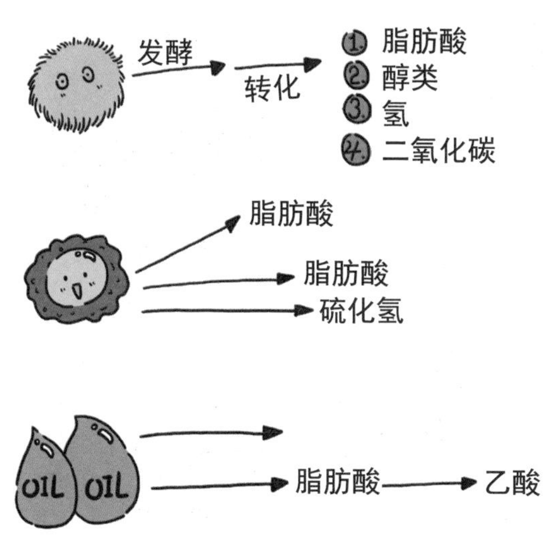
发酵
转化
① 脂肪酸
② 醇类
③ 氢
④ 二氧化碳
脂肪酸
脂肪酸
硫化氢
OIL
OIL
脂肪酸
乙酸

发酵性细菌把可溶性物质吸入细胞后，经发酵作用将它们转化成乙酸、丙酸、丁酸等脂肪酸和醇类以及一定量的氢、二氧化碳。

蛋白质类物质被发酵性细菌分解成氨基酸，又可被细菌合成细胞物质利用，多余时也可以进一步被分解生成脂肪酸、氨和硫化氢等。

脂类物质首先水解生成甘油与脂肪酸，甘油可进一步按糖代谢途径被分解，脂肪酸则进一步被微生物分解成多个乙酸。

分解
发酵
有机酸和醇类
无法直接利用
分解
乙
酸
产酸阶段呢？
这就是沼气发酵液化阶段。
呵呵，当然，就是氢气和二氧化碳反应嘛！
H_2+CO_2这个表达式明白吧？
下面还有最后一个阶段。

发酵性细菌把复杂有机物分解，发酵所产生的有机酸和醇类，除了甲酸、乙酸和甲醇外，均不能被产甲烷菌所利用，必须由产氢产乙酸菌将其分解转化成乙酸、氢和二氧化碳。耗氢产乙酸菌既能利用 H_2+CO_2 生成乙酸，也能代谢产生乙酸。

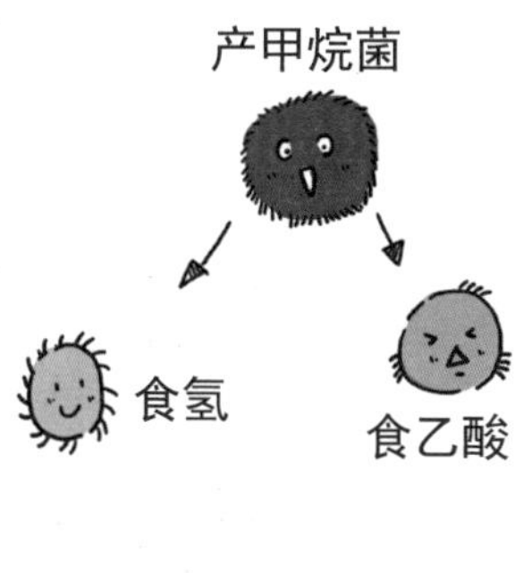
产甲烷菌
食氢
食乙酸

看来，沼气发酵是一个很复杂的化学过程啊！
对啊，这个过程包括了不同微生物所完成的各种代谢途径，所以相对有些混乱。

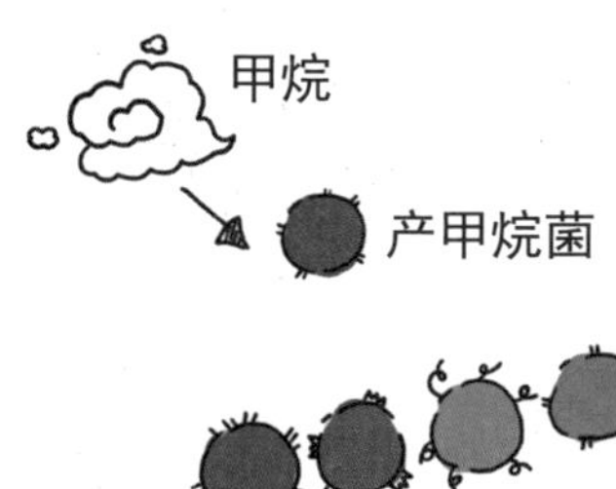
甲烷
产甲烷菌

产甲烷菌包括食氢产甲烷菌与食乙酸产甲烷菌两大类群。在沼气发酵的过程中，甲烷的形成是由产甲烷菌所引起的，它们是厌氧消化过程食物链中最后一组成员，尽管它们具有各种各样的形态，但是它们在食物链中的地位使它们具有共同的生理特性。

12. 沼气发酵的工艺需求

沼气发酵的过程十分复杂，是不是也就说明了其发酵需要具备特定的条件呢？
可以这么说，控制好沼气发酵的工艺条件是维持发酵产气的关键。

厌氧环境？？

其实很好理解的，就是字面的解释，对氧特别敏感。

首先需要严格的厌氧环境。沼气发酵微生物均是厌氧性细菌，因此，建造一个不漏水、不漏气的密闭沼气池十分重要。

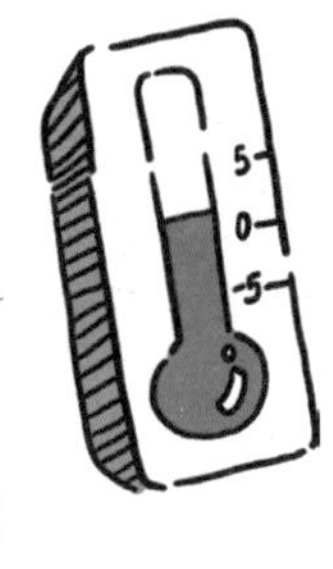
5
0
-5

发酵温度：沼气发酵微生物可在 8 ～ 65℃产生沼气，温度不同产气速率不同。

发酵原料：自然界中的有机物质通常都能被微生物发酵产生沼气，但不同的有机物有不同的产气量及速率。

pH 值
沼
气

pH 值：沼气微生物的正常生长、代谢需要适中的 pH 值，pH 值在 6.4 以下和 7.6 以上都对产气产生抑制作用。

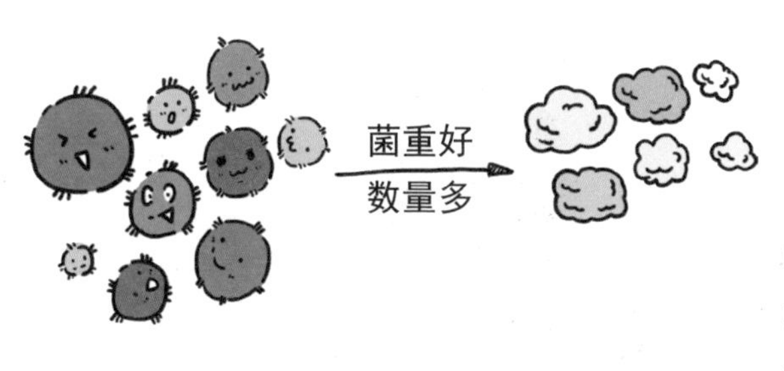
菌重好
数量多

接种物：在发酵过程中，菌种质量的好坏及数量的多少均直接影响到产气率的高低。实际操作中，要根据发酵原料的不同，决定是否需要接种。

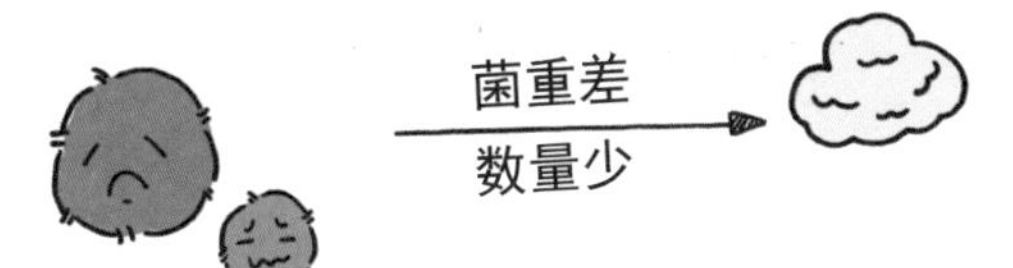
菌重差
数量少

碳、氮、磷的比例：研究表明，碳氮比以（20～30）：1为宜；碳、氮、磷比例以10：0.4：0.8为宜。

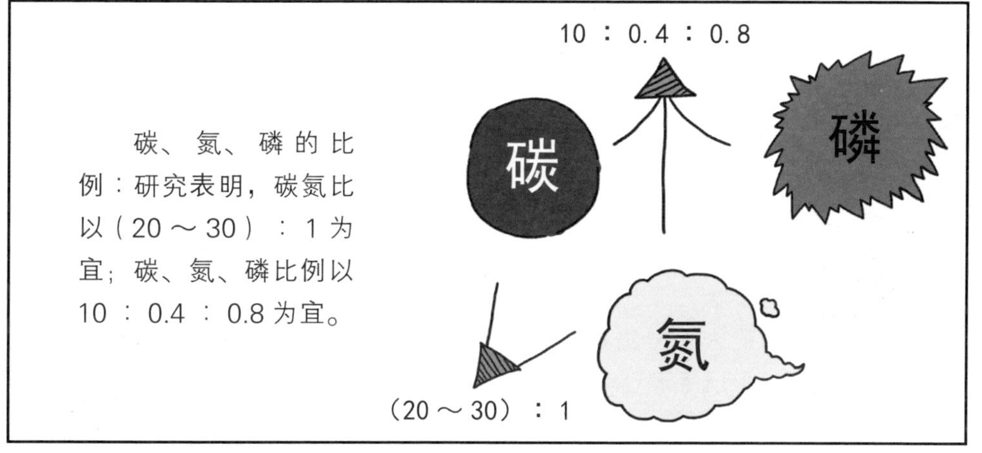
10：0.4：0.8
碳
磷
氮
（20～30）：1

添加剂
抑制剂

添加剂和抑制剂：添加剂的种类很多，包括一些酶类、无机盐类、有机物及其他无机物等。抑制剂的种类也很多，包括酸类、醇类、苯、氰化物及去垢剂等。

搅拌：沼气池在不搅拌的情况下，发酵料液会明显地分成结壳层、清液层、沉渣层，严重影响发酵效果。

沼气发酵原来需要这么多条件啊，又大开眼界了！
是啊，只有在工艺上满足微生物的这些生活条件，才能达到发酵快、产气量高的目的。

13. 沼气发酵按发酵温度分类

沼气

沼气是最早用于农村家庭粪便处理和生产气体燃料的一种技术，可以满足农民的大部分生活用能。由于用于沼气发酵的有机物种类多，沼气发酵的工艺类型也有很多。

根据发酵温度可分为常温发酵、中温发酵及高温发酵。常温发酵也称为自然温度发酵，发酵温度随季节变化，发酵产气速率随着四季温度升降而升降，夏季产气高，冬季产气低。

农村沼气池大多属于常温发酵。

中温发酵的发酵温度维持在 30 ～ 35℃，中温发酵中微生物比较活跃，有机物降解比较快，产气率较高，适于温暖的废水废物处理。

高温发酵的温度维持在 45 ～ 55℃。该温度下沼气微生物十分活跃，有机物分解消化快，产气率高，停留时间较短，适于处理高温的废水废物。

14. 沼气发酵按进料方式分类

除了根据温度外，沼气发酵还可以按进料方式的不同来分类。
老兄，具体说来听听吧！
按进料方式可以分为连续发酵工艺、半连续发酵工艺以及批量发酵工艺。

连续发酵工艺特点是连续定量地添加新料液、排出旧料液，以维持稳定的发酵条件以及产气率。适于处理来源稳定的工业废水与城市污水等。

半连续发酵工艺的特点是定期添加新料液、排出旧料液，间歇补充原料，以维持比较稳定的产气率。

我国农村的三结合沼气池多属于这类。

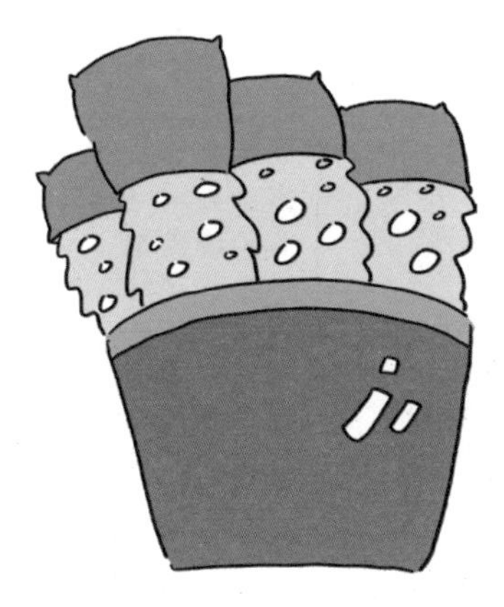

最后一种发酵工艺产气率不稳定，主要适用于城市垃圾坑填式沼气发酵。

批量发酵工艺特点是成批投入发酵原料，运转期间不投入新料，等发酵周期结束后出料，再投入新料发酵。

15. 沼气池的“多样”池型

老兄，沼气发酵应该有专门的器具吧？

沼气当然是在沼气池中发酵了。

老兄，这个问题好像有点难为我，还是你来吧。

我们已经知道农村家用沼气一般都采用半连续发酵工艺，那你知道沼气池都有什么类型吗？

呵呵，主要池型有水压式沼气池、曲流布料式沼气池及分离浮罩式沼气池。

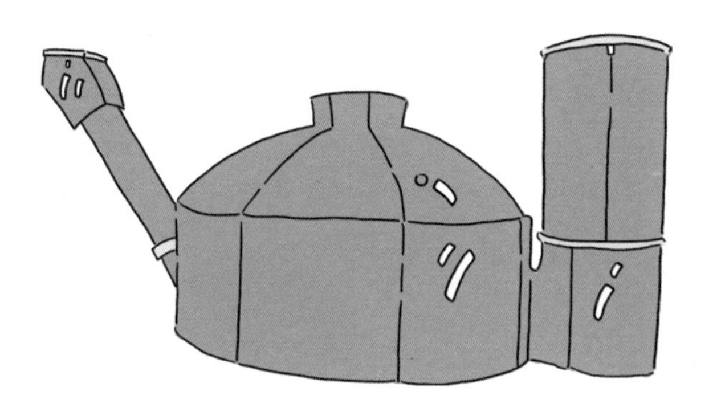

水压式沼气池是我国农村使用最广泛的发酵装置，占农村沼气总量的85%。

水压式沼气池构造简单、施工方便、使用寿命长、力学性能好、造价较低。

怪不得农村大部分地区都使用这种池型，原来有很多优点啊！

水压式沼气池
曲流布料式沼气池

曲流布料式沼气池也属于水压式沼气池，只是结构与常规水压式沼气池有所不同。这种池原料利用率、产气率和沼气负荷都优于常规水压式沼气池。

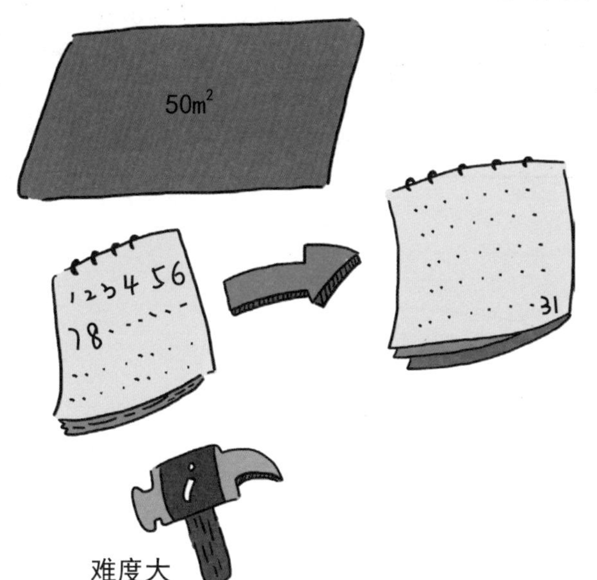
50m²
123456
78
31
难度大

浮罩式沼气池由发酵池与储气浮罩组成，发酵池的构造和水压式沼气池大致相同。浮罩式沼气池具有气压恒定、池内气压低、对发酵池防渗性要求比较低等优点，但是建池成本相对较高，占地面积较大，施工周期较长，施工难度也较大。

16. 扒一扒，大中型沼气池的种类

我国 20 世纪 30 年代开始研究水压式沼气池，世界上把这种沼气池结构称为“中国式沼气池”。

我们之前说的沼气池型主要是针对农村户用沼气池而言的，现在我们再了解一下大中型沼气池吧。

水压式沼气池是具有中国特色的。

这种沼气池数量居世界之最，此项技术已为第三世界国家所采用。其以“圆、小、浅”（圆柱形、小型、浅池）为主要的特点，直管进料、活动盖的“中国式”水压式沼气池，比较适合在各国农村广泛使用。

我家在用
我家也在用
我们都在用

大中型沼气池是不是也包括浮罩式沼气池呢？

还有一种类型为塑料沼气池。它的使用效果较好，产气率普遍比水压式沼气池高，且出料方便，施工容易，造价也较低，使用寿命可达到3～5年。

这种塑料为一种红泥塑料，它是一种改性聚氯乙烯塑料，在炼制过程中添加了铝厂废渣，使塑料的强度与寿命大大增加，而且成本较低廉。

浮罩式沼气池在印度建造得很多，最简单的一种是发酵池与气罩一体化。其优点是能够充分利用发酵池容积，压力小且稳定，但建造浮动气罩的材料不易解决。

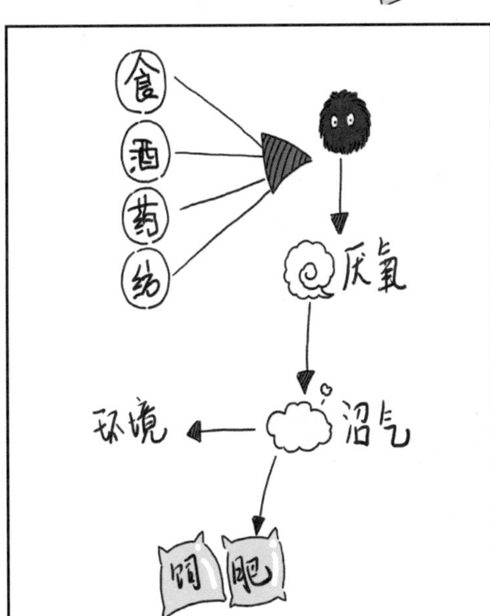
食
酒
药
纺
厌氧
沼气
环境
饲
肥

目前国际上在一些大型食品加工厂、酿酒厂、化工制药厂以及轻纺等行业，兴办“微生物工厂”，就是采用大型厌氧发酵工程，以生产沼气为主，同时解决环境问题，并且可以获得副产品饲料和肥料，实现综合利用，提高经济效益。

微生物工厂？很新奇的名字啊！

另外，目前国际上有一种流行的沼气产生装置，叫做“微生物工厂”。

17. 生物柴油的“个性特征”

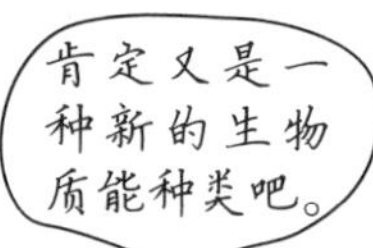
肯定又是一种新的生物质能种类吧。

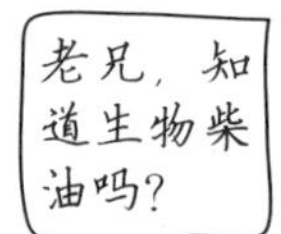
老兄，知道生物柴油吗?

生物柴油也称为生化柴油，是一种来源于动植物没脂，可以代替普通柴油的可再生清洁燃料，具有广阔的发展前景。

生物柴油的运动黏度高，从而可以提高运动机件的润滑性，降低机件的磨损程度。

生物柴油的燃点较石化柴油高，有利于安全运输、储存。

毒

无毒性、生物分解性好。它既可以作柴油机的替代燃料，又可以作非道路用柴油机的替代燃料。

在燃烧过程中所需要的氧气量较石化柴油少，燃烧、点火性能优于石化柴油。

不含芳香族烃类成分，因此没有致癌性，硫、铅、卤素等有害物质含量极少。

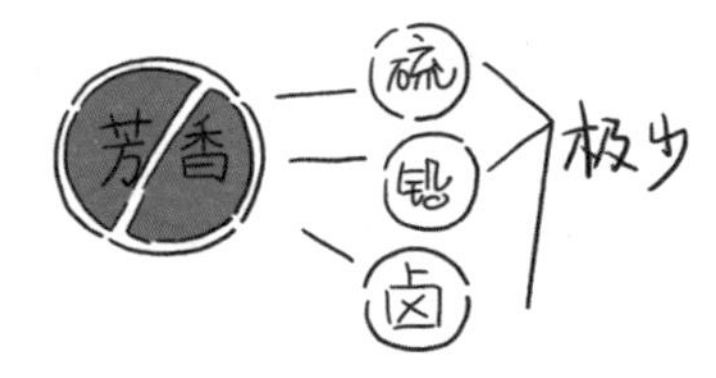
芳香
硫
铅
卤
极少

使用方便，无需改动柴油机，可直接使用。

它既可以作为添加剂促进燃烧，又是燃料，具有双重效果。

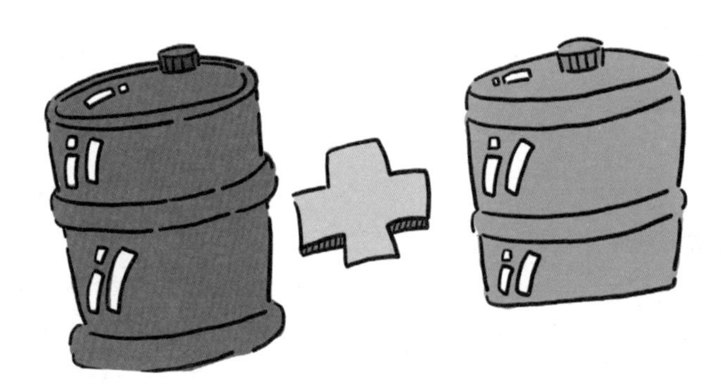

生物柴油以一定比例与石化柴油调和使用，可降低油耗、降低排放污染率。

环境友好，采用生物柴油尾气中有毒有机物的排放量仅为普通柴油的 1/10，颗粒物为普通柴油的 20%。

第五章 飘逸浩渺的风能及海洋能

1. 风能利用的漫漫长路

王维《送秘书晁监还日本国》中写道:“向江惟看日，归帆但信风,”表现出了风力对于助航的重要作用。

风作为能源，很早就被人类所开发利用。早在 2 000 多年以前，人类开始利用风的“神力”带动风车引水灌田，简单易行，经济实惠。

荷兰素有“风车之国”的美称。埃及、荷兰是较早利用风能的国家。

20世纪70年代，随着世界性能源危机和环境污染的严重，古老的风能又重新“得宠”，风能再次焕发了活力。

有人趣言风能：“来之即可用，用后去无踪，做功不受禄，世代无尽穷。”

但是由于石油的发现，煤炭的大规模开采，火电、水电变为能源利用的“宠儿”，风能被打进了“冷宫”。

20世纪70年代
那么，风究竟为何物呢？
别急，我们首先需要弄清几个概念。

2. 刨一刨，什么是风速、风级和风向

13

有什么简单的方法帮助我们确定风级吗?
有人根据风力的地物特征，把各级特征编成了歌谣。

现在使用的薄福氏风力等级，是根据地面物的动态，把风力分为12级，连同静风1级一共13级。

0 地面无风烟直上，

1 一级看烟辨风向。

2 二级轻风叶微响，

3 三级枝摇红旗扬。

4 四级灰尘纸张舞，

5 五级水面起波浪。

6 六级强风举伞难，

7 七级枝摇步行艰。

8 八级大风微枝段，

9 九级风吹小屋裂。

10 十级狂风能拔树，

11.12 十一十二陆上稀。

呵呵，我得赶快把这首歌谣背下来!

风向就是指风吹来的方向。风从东北吹向西南就叫做东北风；风从东吹到西，就叫做东风。

风向

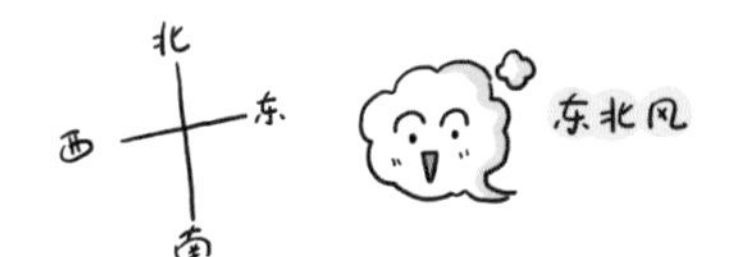
北
西
东
南
东北风

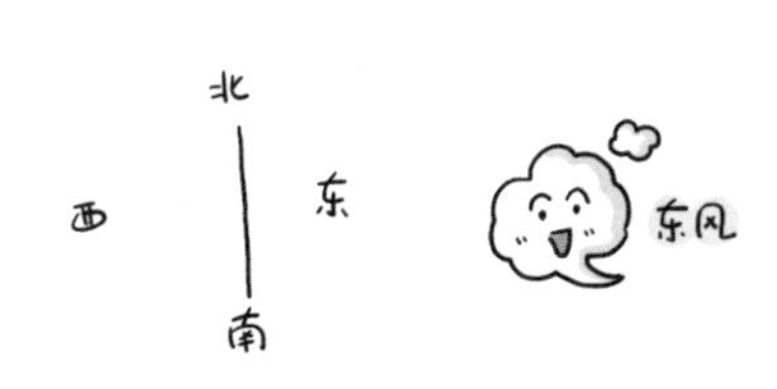
北
西
东
南
东风

观测风向的仪器，目前使用最多的是风向标，它能够在海洋环境对电站的影响转动轴上自由转动，头部一直指向风的来向。

为了观测方便，在风向标下附有指示方向的十字架，十字架上的“N”（指方向北）字，必须要与当地的正北方相符。

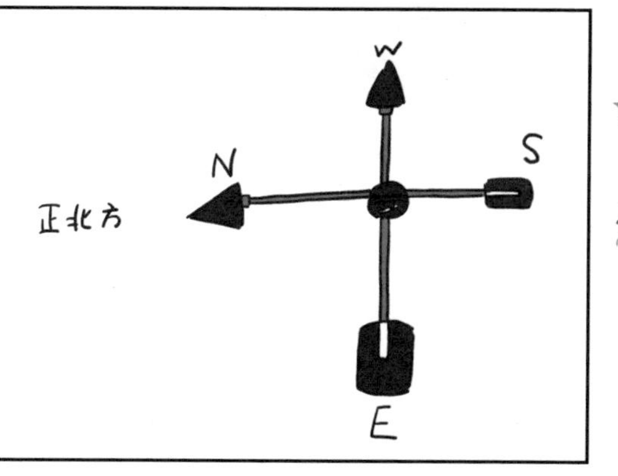
W
N
S
E
正北方

风速时大时小，风力时强时弱，但是风速在不断变化中又有其重复性。人们把各种速度的风出现的频繁程度叫做“风速频率”。

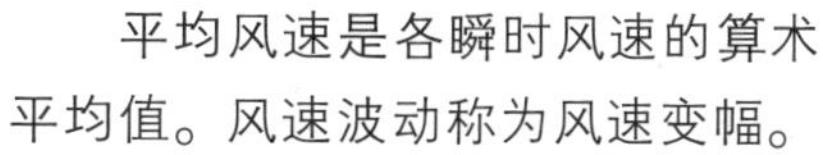

平均风速是各瞬时风速的算术平均值。风速波动称为风速变幅。

平均风速

对于风能的利用来说，既要求平均风速高，同时又希望风速变幅越小越好，以保证风力机平稳运行，便于控制使用。

3. 我国风能资源的“居住地”

风能分布不均

风虽然是大自然提供给人类的“低廉品”，随处可见，毫不神秘，但自然界通常也会厚此薄彼。我国风能资源的分布是不平衡的。

风速 3m/s 以上超过半年、6m/s 以上超过 2 200h 的地区称为风能丰富区。包括西北的克拉玛依、甘肃的敦煌及内蒙古的二连浩特等地，沿海的大连、威海、舟山及平潭一带。

3 m/s 超过半年
6 m/s 超过2200小时

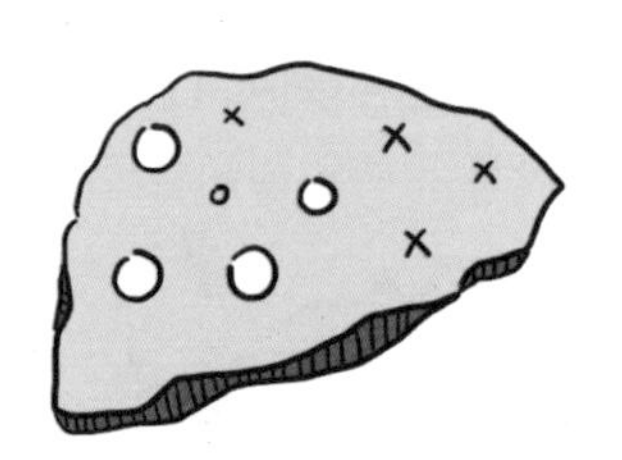

其中福建省台山最高达到 525.5W/m²，全年在 6 000h 以上。

这些地区有效风能密度通常超过 2 000W/m²，部分甚至可达 300W/m²。

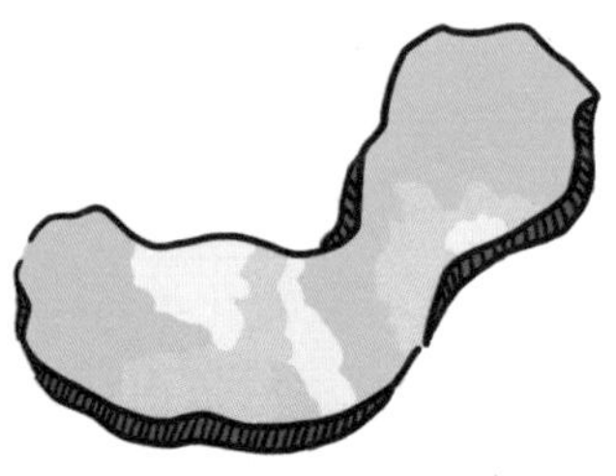

内蒙古等地内陆风能丰富，春季风力大，秋季次之。

风能密度？
风能
空
气
运
动
动能

空气运动产生的动能，我们称之为风能。

空气1秒钟内采暖里，以速度V流过单位面积产生的动能，称为风能密度。

1秒内

一年内风速超过3m/s在4 000h以上，6m/s以上的多于1 500h的地区。

风能较丰富区

1. 西藏高原的班戈地区、唐古拉山
2. 西北的奇台、塔城，华北北部的集宁、锡林浩特
3. 东北的嫩江、牡丹江、营口以及沿海的塘沽、烟台、莱州湾、温州一带

风能较丰富区风力资源的特点是有效风能密度为150～200W/m^2，3～20m/s风速出现的全年累计时间为4 000～5 000h。

风力
资源

一年内风速大于6m/s的时间为1 000h以上，风速3m/s以上的超过3 000h的地区。

风能可利用区

1. 新疆的乌鲁木齐、吐鲁番、哈密
2. 甘肃的酒泉
3. 宁夏的银川
4. 太原、北京、沈阳、上海、济南、合肥等地区

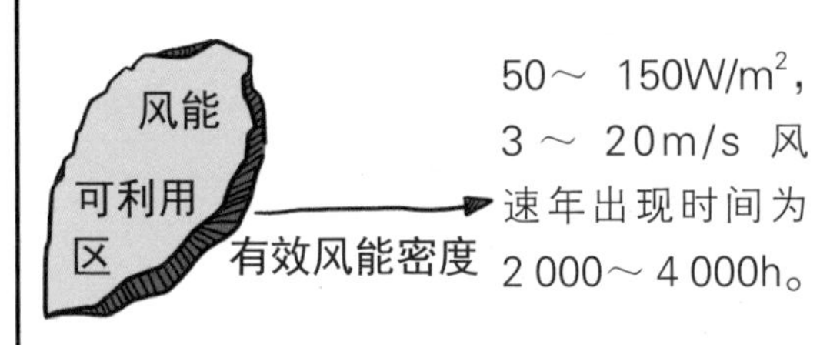
风能
可利用区
有效风能密度

50～150W/m²，3～20m/s风速年出现时间为2 000～4 000h。

我国分布范围最广

通常风能集中在冬春两季。

4. 风能的一般应用形式

老兄，风我们几乎是天天接触，你知道它都有什么应用吗？

呵呵，这个问题可难不倒我，让我想想……

素有“低地之国”之称的荷兰，很早就利用风车排水、造田、磨面、榨油与锯木等。荷兰风车是中世纪欧洲风车的代表形式。

荷
兰
比
利
时

从12世纪初风车从中东传入欧洲以后，在一些低地国家（荷兰、比利时等国）就开始使用风车来排水。我国使用最为广泛的是“斜杆式”风车。

在我国北方草原牧区，从深井中取水灌溉或者供人、畜用水，提水高度通常在10～100m，一般用拉杆泵配风力机提水。

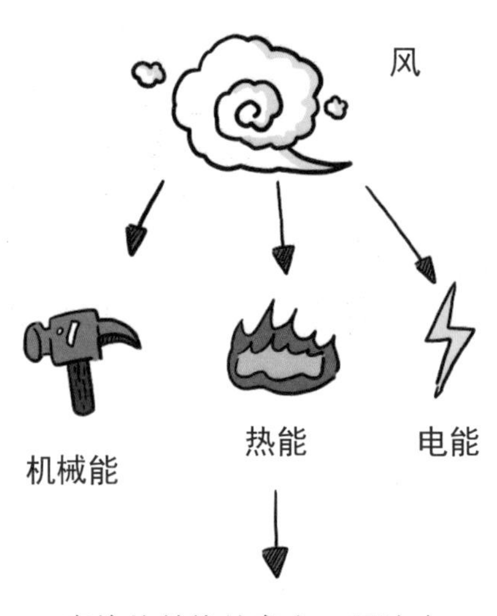
风
机械能
热能
电能

直接热转换效率高，用途广

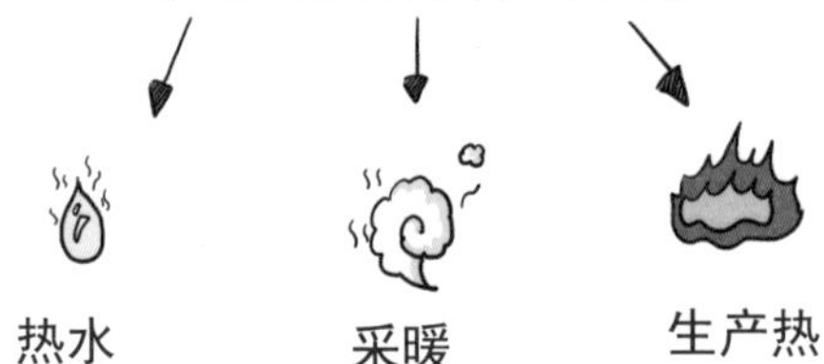
热水
采暖
生产热

风作为一种自然资源，从能量转换的角度来说，它能产生机械能、热能及电能。风能直接热转换的效率高，用途广，除了提供热水，也可以作为采暖和生产热的热力来源。

风帆船是人类利用风能的开端。我国至少在 3 000 多年以前的商代就已经利用风帆助航了，明代是我国风帆船的鼎盛时期。

20 世纪 70 年代，随着石油危机和日益高涨的绿色能源的呼声，风帆助航开始谱写新的篇章。1980 年，日本建造了第一艘现代风帆助航船，即“新爱德华”号，开始了横跨大海访问帆船之乡的中国之行。

还记得李白的“长风波浪会有时，直挂云帆济沧海”吗？
哦，原来这首诗中就表现出了风力的助航作用。

5. 风力发电的供电方式

风能
100年

风力发电的供电方式有哪些呢?

风力用于发电只有大约100年的时间，但它却以强大的青春活力，成为风能利用中的佼佼者，并且一定“明天会更好”。

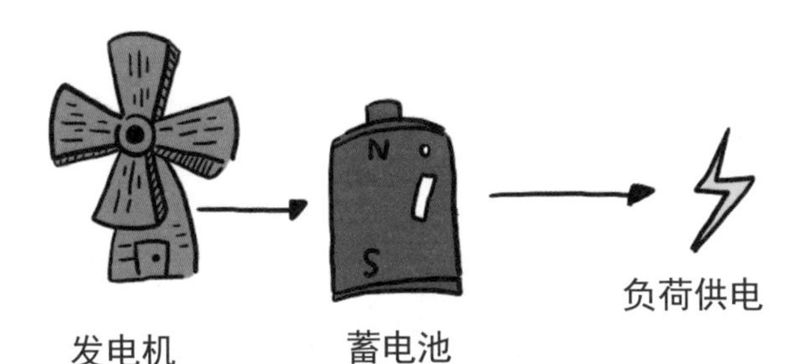
N
S
发电机
蓄电池
负荷供电

风力独立供电，即风力发电机输出的电能经过蓄电池向负荷供电的运行方式，通常微小型风力发电机采用这种方式，适宜在偏远地区的农村、牧区、海岛等地方使用。

风力并网供电，即是风力发电机与电网联接，向电网输出电能的运行方式。此种方式通常为中大型风力发电机所采用实施，不需考虑蓄能。

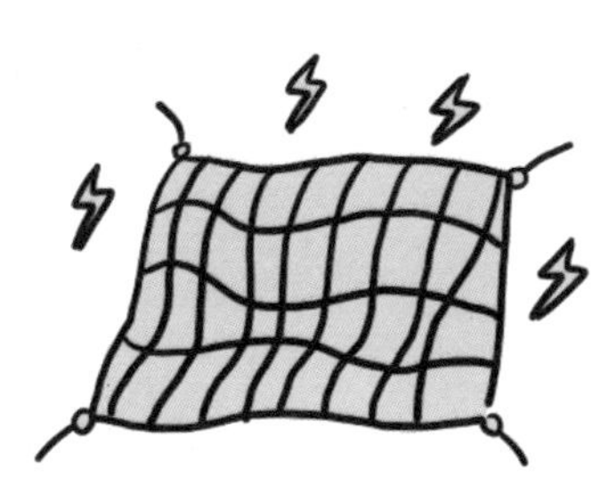

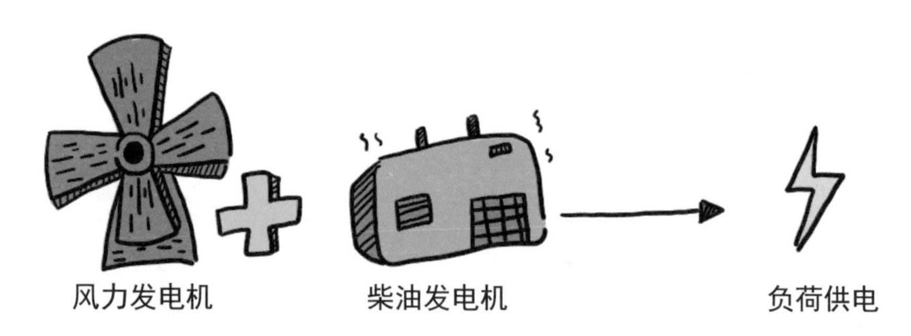
风力发电机
柴油发电机
负荷供电

风力/柴油供电系统，即一种能量互补的供电方式，把风力发电机和柴油发电机组合在一个系统内向负荷供电。在电网覆盖不到的偏远地区，此种系统可以提供稳定可靠及持续的电能，以达到充分利用风能、节约燃料的目的。

太阳能
联合的供电系统

风/光系统，即将风力发电机与太阳能电池组成一个联合地形及潮汐和波流的供电系统，同时也是一种能量互补的供电方式。如果在季风气候区，采用此种系统可全年提供比较稳定的电能输出，可以补充供电。

最后一种供电方式完全就是风能和太阳能的互补利用嘛！
所以，不同类型的可再生能源互补利用，没准会产生意外的化学反应呢！

6. 我国风电的发展现状

3阶段

我国风电场行业的发展经历3个发展阶段。

1.（1986—1990年）

第一阶段为1986—1990年。这一阶段是我国并网风电项目的探索和示范阶段。其特点是项目规模小，且单机容量小。

在此期间一共建立了4个风电场，安装风电机组32台，最大单机容量是200kW，总装机容量为4.215 MW，平均年新增装机容量只有0.843MW。

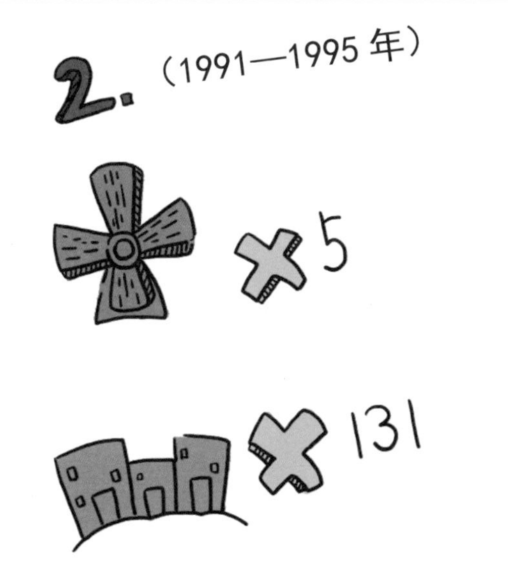
2.（1991—1995年）
5
131

第二阶段为1991—1995年。这一阶段为示范项目取得成效并逐步推广阶段。共建立了5个风电场，安装风电机组131台，装机容量为33.285MW，最大单机容量为500kW，平均年新增装机容量为6.097MW。

4

32

3.（1996年以后）

第三阶段为1996年以后的扩大建设规模阶段。其特点是项目规模及装机容量较大，发展速度较快，平均年新增装机容量为61.8MW，最大单机容量达到1 300kW。

2005 年《中华人民共和国可再生能源法案》颁布后，中国风能事业进入了一个新的阶段。到 2008 年，中国新增风电装机容量 6 246MW，累计总装机容量已经达到 12 153MW，超过印度，成为继美国、德国及西班牙之后发展风力发电第四大国。

1. 美国
2. 德国
3. 西班牙
4. 中国
2005

所以，我们可以毫不犹豫地说，中国已经迈入了风电大国的行列。

7. 目前我国风力发电的窘境

风力
发电

我国风力发电虽然发展迅速，但也存在不少问题。

风能资源评估与风电机组微观选址技术还难以准确估算出未来 20 年寿命期内风电场的上网电量，一般实际风电项目销售电量小于项目建设之前可行性研究测算的数值。

从设备制造方面来看，风电机组整机设计的核心技术尚未掌握。

唉，核心技术的缺失是制约我国各个行业发展的关键环节啊！

老兄，分析得挺准嘛！

风
电

风电间歇式发电特点对电网的容纳能力提出了挑战，在技术上、管理上均有许多课题迫切需要研究，为保持电网稳定运行，也对风电上网的电能质量提出了更高要求。

挑战
电网
更高要求
速度
“对啊，速度和质量要平衡发展。”

另外，电网已经成为风电的重要制约因素及发展瓶颈，这一问题在2009年十分突出，在已运行的风电场中，因受用电负荷所限，有些开发商的风电场被限制电量上网。

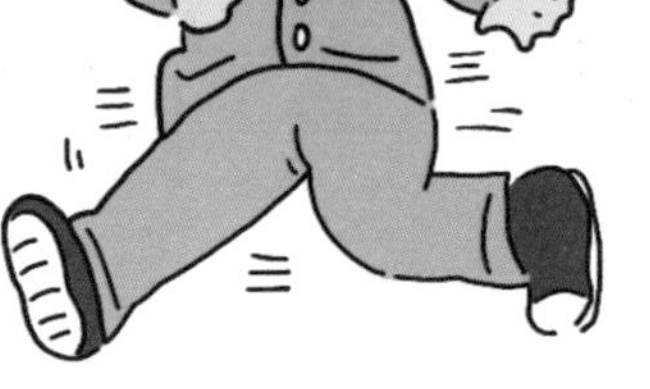
质量
仅有发展的速度，没有发展的质量还是不行的。

8. 挖一挖，什么是海洋能

海洋能

海洋是富饶的，广袤的，虚怀若谷的，其中所蕴含的能源自然也是丰富的、多彩的，取之不尽的。究竟什么是海洋能呢？

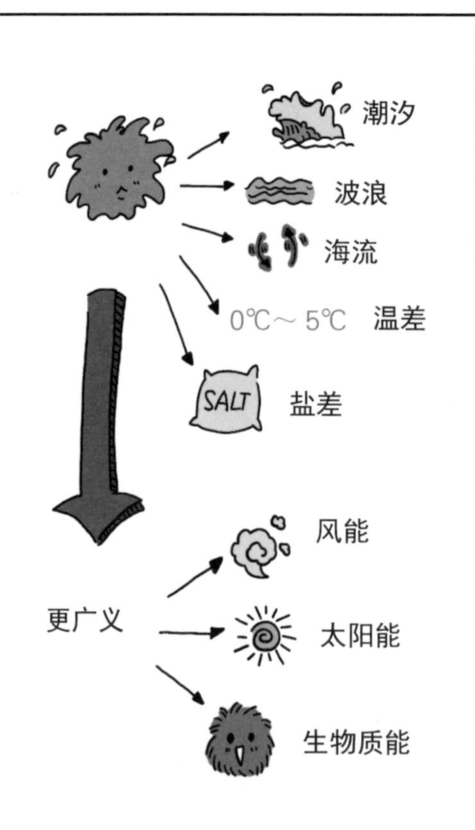
潮汐
波浪
海流
0℃～5℃
温差
SALT
盐差
风能
更广义
太阳能
生物质能

海洋能是指蕴藏于海水中的各种可再生能源，主要包括潮汐能、波浪能、海流能、海水温差能及盐差能等。

更广义的海洋能源还包括海洋上空的风能、海洋表面的太阳能以及海洋生物质能等。

海洋能和太阳能一样，也有广义和狭义之分啊！

其实，海洋能和太阳能是密切相关的。
咦，怎么说呢？
潮汐能和海流能来源于太阳和月亮对地球的引力变化，而其他均源于太阳辐射。
哦，原来如此，不得不说太阳能是无处不在啊！
本来世上万物都是相互联系的嘛，各种能源之间自然也不例外。
机械能
海洋能
热能
化学能

海洋能按储存形式可以分为机械能、热能和化学能。其中，潮汐能、海流能和波浪能为机械能，海水温差为热能，海水盐差为化学能。

9. 海洋能的“个性特征”

与其他可再生能源一样，海洋能一定也有很多让常规能源羡慕的特点吧。

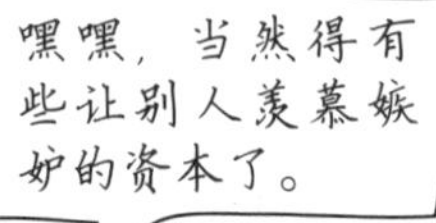
嘿嘿，当然得有些让别人羡慕嫉妒的资本了。

海洋能来源于太阳辐射能与天体间的万有引力，只要太阳、月球等天体同地球共存，此种能源就会再生，就会取之不尽，用之不竭。海洋能属于清洁能源。海洋能一旦被开发后，其本身对环境污染影响很小。

海洋能源

海洋能蕴藏量大。我国有 18 000km 的海岸线，300 多万 km^2 的管辖海域，海洋能源非常丰富，利用价值极高。大力发展海洋新能源，对于优化我国能源消费结构、支撑社会经济可持续发展具有建设性意义。

不过，任何事物都不是完美的，海洋能也有些不可避免的小瑕疵。

对啊，金无足赤嘛！

海洋能单位体积、单位面积及单位长度所拥有的能量较小。因此，要想得到大能量，就得从大量的海水中获得。

大能量

稳定

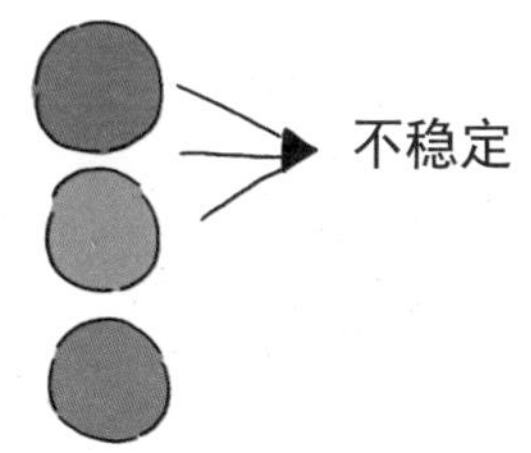
不稳定

而且，海洋能中的温度差能、盐度差能和海流能比较稳定，潮汐能、潮流能和波浪能相对不稳定。

10. 挖一挖，什么是潮汐能

我国东汉时期著名的思想家王充说过：“涛之兴也，随月盛衰。”

唐代诗人张若虚在他的《春江花月夜》中也有“春江潮水连海平，海水明月共潮生”的诗句。

老兄，你读这些古言有什么感受吗？
感受嘛……啊，都说海水与月亮有关。

其实，古代的科学家已经洞察到了潮汐和月球的引力有关。

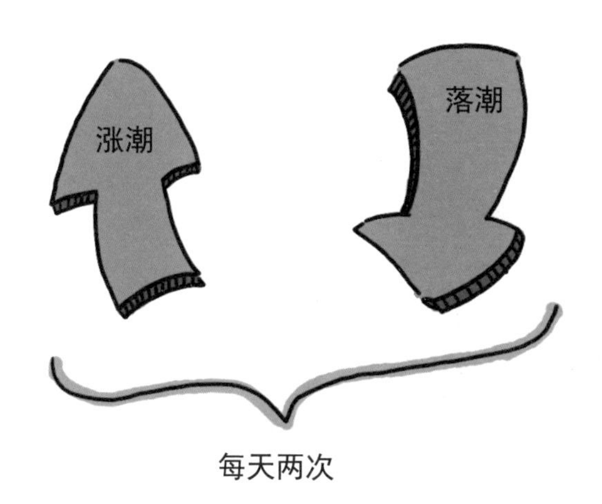
涨潮
落潮
每天两次

到过海边的人，都会发现海水有周期性的涨落现象，每天大概两次。海水这种有规律的运动，就是大家所熟知的潮汐现象。

而我们所说的潮汐能则是海水潮涨和潮落形成的水势能，其利用原理与水利发电相似。

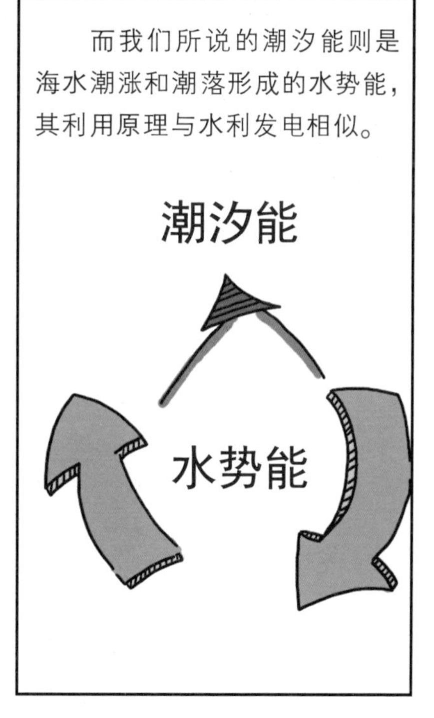
潮汐能
水势能

古人将海水白天的上涨叫做“潮”，晚上的上涨叫做“汐”，合起来即为“潮汐”。

11. 潮汐能“电力十足”

潮汐发电是潮汐能的一个重要应用。
什么是潮汐发电呢?

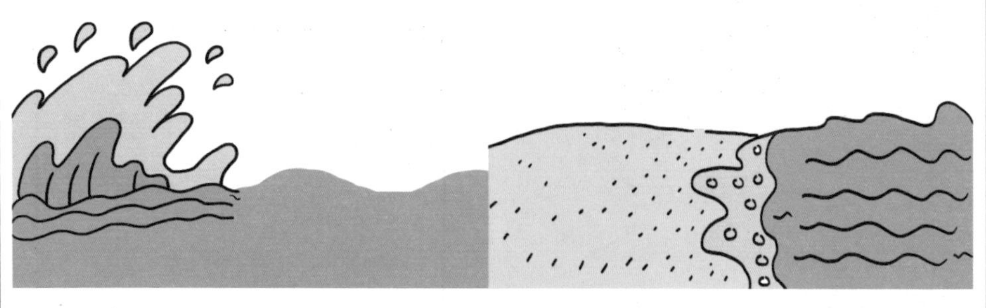

潮汐发电由于引潮力的作用，使海水不断地涨潮、落潮。涨潮时，大量海水汹涌而来，具有很大的动能；同时，水位逐渐升高，动能转化为势能。落潮时，海水奔腾而归，水位陆续下降，势能又转化为动能。

听说潮汐能也是能源利用中的“宠儿”?
没错，它一直都很受人们青睐。

作为一种蕴藏量极大的可再生资源，潮汐能发电不排放废水、废渣和废气，对环境影响小，满足用电需求的同时亦可降低对煤炭、石油等不可再生资源的消耗，减少环境污染。

潮汐能

现代潮汐能的利用主要为潮汐能发电，利用海湾、河口等有利地形，建筑水堤，形成水库，蓄积海水，在坝中或坝旁建造发电厂，安装水轮发电机组进行发电。

潮汐能
电能

如果将潮汐能蕴藏量全部转换成电能，每年发电量约为目前世界总电量的 1/10。

潮汐能

普通水力发电

潮汐能发电与普通水力发电的差别在于，蓄积海水的落差不大，但流量大且呈现间歇性，周期性。要利用海洋潮汐发电，需要具备两个条件：潮汐幅度足够大，至少在数米左右；海岸地形必须能储蓄大量海水。

由此看来，潮汐能发电具有广阔的前景和巨大的潜力。
所以只要我们合理利用，定能造福人类。

12. 扒一扒，潮汐电站的种类

老兄，想更了解潮汐发电吗？
呵呵，当然，就给我说说潮汐电站吧。

最早出现且最简单的潮汐电站是单库式的，这种电站一般只有一个大坝，上面建有发电厂及闸门。

潮汐电站主要包括单库潮汐电站、双库方案以及水下潮汐电站三种类型。

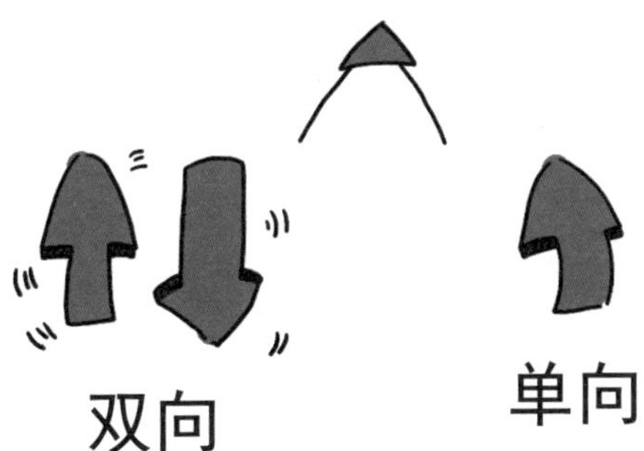
同时进行
双向
单向

单库潮汐电站有两种主要的运行方式，即双向运行与单向运行。单向运行是指电站只沿一个水流方向进行发电，通常是单向退潮发电。

刚才我说的双库方案包括两个含义。
两个？

一是指双库连接方案，二是指双库配对方案。双库方案需要建立两个水库。两库相互隔开，都有自己的大坝。地势有利时，可以利用天然条件将两库分隔。

还有一种水下潮汐电站呢，呵呵，我对这个很有兴趣。

历史意义

世界上第一座商用水下潮汐发电站于2004年在挪威并网发电。虽然这种发电机还只是原型机，但是这是全世界第一次让潮汐能产生的电力并入大电网。

13. 潮汐能发电技术的应用概况

潮汐能发电技术是世界各国争相发展的热点领域，我们来看看主要国家的应用情况吧。

位于法国圣马洛附近朗斯河口的朗斯潮汐电站工程是当今著名的潮汐装置。建设该电站的最早建议于1737年提出，1953年由法国政府决定兴建，实际建设工作开始于1961年，第一台设备在1966年投入运行，发电站包括24台每台装机容量10MW的可逆型机组，总计电站容量240MW。

前苏联于1968年在乌拉湾中的基斯拉雅湾建成了一座潮汐实验电站。这个钢筋混凝土的站房在摩尔曼斯克附近的一个干船坞中建好，里面装有一台灯泡式水轮机。然后整个站房用拖船拖到站址，下沉到预先准备好的砂石基础上，用一些浮筒来减少站房结构的吃水。

苏联

啊，这个干船坞中的电站很有意思呀！
嘿嘿，创意无极限嘛！

加拿大于 1984 年在安纳波利斯建成了一座装机容量为 2MW 的单库单向落潮发电站。此电站的主要目的是验证大型贯流式水轮发电机组的实用性，为计划建造的芬地湾大型潮汐电站提供了技术依据。

1. 江夏
2. 白沙口
3. 幸福洋
4. 岳浦
5. 海山
6. 沙山
7. 浏河
8. 果子山

我国利用潮汐发电也有了迅速的发展，沿海一带已经建成了 8 座小型潮汐电站。分别是江夏、白沙口、幸福洋、岳浦、海山、沙山、浏河及果子山。

潮汐发电

江夏潮汐电站
—1980

其中 1980 年建成的江夏潮汐电站是我国第一座双向潮汐电站，也是目前世界上较大的一座双向潮汐电站，其总装机容量为 3 200kW。年发电量为 107GW・h。

老兄，可不可以问一个没有水平的问题啊？GW是什么单位啊？
哦，原来是这个问题。我们都知道 KW 表示千瓦，而 GW 则表示十亿瓦特。

那我知道了，就是 1GW=1 000MW =100 万 kW。
老兄，头脑转得很快嘛！

14. 潮汐发电关键技术的发展情况

技术一直是制约我国各个方面发展的重要环节，潮汐发电技术目前发展得如何呢?

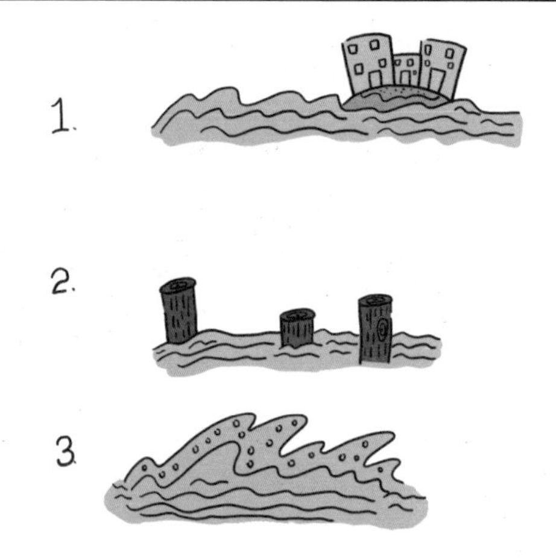
1.
2.
3.

我们主要从三个角度来了解潮汐发电关键技术的发展情况，它们分别是潮汐发电机组、水工建筑及海洋环境。

潮汐电站中，水轮发电机组约占电站总造价的50%，而且机组的制造和安装又是电站建设工期的主要控制因素。

先进制造技术
材料技术
流体动力技术

利用先进制造技术、材料技术与控制技术以及流体动力技术设计，对潮汐发电机组仍有很大的改进潜力，主要是在降低成本及提高效率方面。

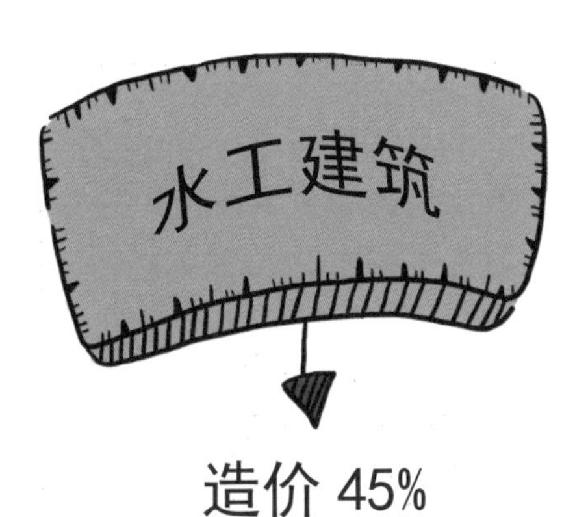
水工建筑

造价 45%

水工建筑在潮汐电站中约占造价的45%，它也是降低造价的重要方面。传统的建造方法多采用重力结构的当地材料坝或者钢筋混凝土，工程量大，造价贵。

前苏联的基斯拉雅电站采用了预制浮运钢筋混凝土沉箱的结构，减少了工程量与造价。中国的一些潮汐电站也采用了这项技术，建造部分电站设施。

就是在船坞中的那个？
嗯，是的。

海洋环境问题

1. 建造电站对环境产生的影响

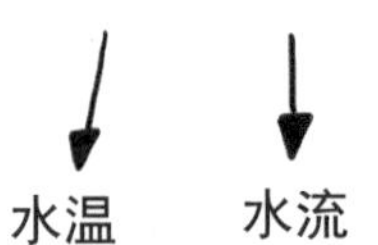

水温　水流　盐度分层

潮汐电站的海洋环境问题主要有两个方面：一是建造电站对环境产生的影响，例如，对水温、水流、盐度分层以及水浸到的海滨产生的影响等。这些变化又会影响到浮游生物与其他有机物的生长以及这一地区的鱼类生活等。

二是海洋环境对电站的影响，主要是泥沙冲淤的问题。泥沙冲淤除了与当地水中的含沙量有关以外，还与当地的地形及潮汐和波流等相关。

海洋环境问题

电站

2. 海洋环境对电站的影响

泥沙冲淤

含沙量　地形及潮汐和波流

未来，我们应加快潮汐发电关键技术的发展。
对，一定要实现核心技术的突破。

只有这样，我们才能充分利用潮汐能造福人类。

呵呵，说得没错。